Sun-Tzu über die Kunst des Krieges

Die älteste militärische Abhandlung der Welt

Autor: Sun-Tzu
Interpretiert und kommentiert
von Gitta Peyn

PHÄNOMEN
RED POCKETS

Die Deutsche Bibliothek –CIP-Einheitsaufnahme

Ein Titeldatensatz für diese Publikation ist bei
Der Deutschen Bibliothek erhältlich.

ISBN 3-933321-44-1

OT Jeetzel Hs-Nr. 24, 29439 Lüchow
Fon: (05841) 974116, Fax (05841) 974117
Web: www.phaenomen-verlag.de
E-Mail: info@phaenomen-verlag.de

Satz & Gestaltung: Phänomen-Verlag, 29439 Lüchow
Druck: InForm-Druck Carsten Neumark, 29439 Lüchow

Phänomen Pockets –
kleine Perlen der Weisheit für unterwegs

Phänomen Pockets enthalten in kompakter Form kleine ‚Perlen der Weisheit', die Sie bequem überallhin mitnehmen können.

Phänomen Pockets sind für all diejenigen unter Ihnen, die ohne großen Zeit- und Geldaufwand in ein Thema ‚reinschnuppern' wollen.

Phänomen Pockets sollen nicht weniger tun, als Ihnen neue geistige Horizonte zu öffnen und neue Perspektiven zu bieten.

Die *Phänomen* RED *Pockets* enthalten in erster Linie anregende Texte und Ratgeber zum Thema Philosophie und alternative Weltanschauungen.

Inhalt

Vorwort der Interpretatorin

Es geht gemeinhin das Gerücht um, die Abhandlung Sun Tzu's über die Kunst des Krieges sei besser und vorzüglicher psychologisch zu interpretieren. Tatsächlich aber handelt es sich um einen Ratgeber für Kriegführung, um ein Werk militärischer Regeln und Richtlinien, so daß ein rein psychologischer Versuch in der Interpretation einer Verharmlosung der Thematik gleichkommt.

Ich habe mich beim Übersetzen/Interpretieren (letzteres als Reminiszenz an die Unmöglichkeit, von einer Sprache in die andere ohne Verluste, Umdeutungen und Angleichungen zu übersetzen) bemüht, den militärischen Charakter aufrechtzuerhalten, ihn aber gleicherdings an eine etwas modernere Sprache anzupassen.

Dem Leser wird es unproblematisch möglich sein, die meisten Regeln auf alltägliche Lebenssituationen und psychologische Prozesse anzuwenden ebenso, wie man eine Rhetorik im eristischen wie im moralischen Sinne einsetzen und interpretieren kann.

Die bewußte Entscheidung gegen eine Psychologisierung in der reinen Übersetzung des Sun Tzu-Textes ergab sich mir unter anderem auch durch die Erkenntnis, daß hier im Allgemeinen der Wunsch der Vater des Gedankens ist und nicht die Realität.

Trotz des kriegerischen Themas aber ist der Text Sun Tzu's geeignet, das moralische Bewußtsein zu stärken und menschliche Verhaltensweisen dort zu zeigen, wo wir sie am wenigsten erwarten: auf dem Kriegsschauplatz. Gnade und Gewaltfreiheit vor Strenge und Krieg lautet eine der Maximen, und im Gegensatz zu späteren militärischen Ratgebern flüchtet sich Sun Tzu nicht in dialektische Platitüden wie zum Beispiel Klausewitz' Krieg ist die Fortführung der Diplomatie mit anderen Mitteln.

Sun Tzu erkennt scharf und direkt, daß die beste Form der Kriegführung das Vermeiden des Krieges ist, die beste Form der Eroberung und des Sieges diejenige, bei der wir das Land des Feindes intakt und wohlbehalten übernehmen. Stets stellt er die Frage nach dem moralischen Recht – eine schwierige Frage, die selbst heute noch nicht an Aktualität verloren hat, wird es doch zunehmend schwieriger noch zu erkennen, wann das Recht wo liegt.

Auf der anderen Seite ist Sun-Tzu aber auch ein Pragmatiker, jemand, der nüchtern Vor- und Nachteile einer Situation gegeneinander abwägt, um sich dann für das optimale Verhalten zu entscheiden. So betrachtet scheinen viele Aspekte der „Kunst des Krieges" nicht unbedingt aus philosophischen oder moralischen Überlegungen hervorzugehen, als vielmehr aus ökonomischen. Die Männer seines Heeres vorsätzlich in ausweglose Situationen zu bringen, um sie dazu zu motivieren, mit letzter, aus Todesangst geborener, Verzweiflung zu kämpfen: Das bedarf schon einer gewissen Skrupellosigkeit.

Alles in allem aber kann jeder von uns aus diesem kleinen Büchlein etwas lernen, denn Kriege führen wir nicht nur als Nationen, sondern auch im Alltag mit uns selbst und mit anderen. Es mag sein, daß mehr Menschen nach Studieren des Sun Tzu zunächst ihre moralische Überlegenheit prüfen, bevor sie einen

Streit beginnen, und daß sie erkennen, daß das Führen eines Streites, wenn er tatsächlich nicht vermeidbar ist, nur einen Sinn macht, wenn wir siegen. Um letzteres aber überlegen tun zu können, benötigen wir erst einmal das moralische Recht auf unserer Seite, sonst werden wir uns selbst betrügen und nur mit halber Kraft streiten. Auf diese Weise, mit diesen Überlegungen, können sicherlich die meisten Konfrontationen vermieden werden, denn Justitia ist eine tückische Göttin, die sich nur dem Chauvinisten als eindeutig darstellt.

Aus psychologischer Sicht fand ich das Lesen des Sun Tzu interessant bei persönlichen Herausforderungen, Dingen die ich neu lernen mußte. Es half mir, mir meine Psyche modularisiert vorzustellen und auf diese Weise sozusagen eine innere Armee aufzustellen, mit der ich einen bestimmten Feind wie beispielsweise eine destruktive und unmoralische Verhaltensweise meinerseits bekämpfen konnte. Ich habe den Absätzen Sun Tzu's, die mir eindeutig psychologische Analogien anboten, in Fußnoten entsprechende Kommentare beigefügt. So kann man den Reintext des alten Philosophen lesen, ohne durch neuzeitliche Deutungen gestört zu werden und dann auf der anderen

Seite psychologische Entsprechungen und Erkenntnisse erwägen.

Gewisse Aspekte, wie zum Beispiel den der Ehrenhaftigkeit und den zeitlichen Bezug des Textes innerhalb einer reichen Kultur habe ich zwar versucht zu erhalten oder ansatzweise auszudrücken, doch bin ich mir sicher, daß ein tiefes und ganzheitliches Verstehen der Kunst des Krieges nur im Chinesischen und nur von jemandem mit einer chinesischen Konditionierung möglich ist.

Wir Deutschen können nur versuchen, uns so gut wie eben möglich zu orientieren. Ich hoffe, daß mir dies gelungen ist.

Gitta Peyn im April 2001

1. Grundlegende Erwägungen

Sun Tzu sagte: Die Kunst des Krieges ist von größter Wichtigkeit für den Staat.[1]

Sie ist eine Angelegenheit von Leben und Tod, eine Straße zur Sicherheit oder in den Untergang. Folglich darf sie auf keinen Fall vernachlässigt werden.

---

1. Und diese Bedeutung nimmt mehr und mehr zu. Ohne umfangreiches Studium von philosophisch-psychologischen Texten geraten wir mehr und mehr in Gefahr, Anwendung und Einsatz des Krieges aus der Sicht kulturellen Chauvinismus' zu betrachten. Staatlich-wirtschaftliche Erwägungen spielen dabei mehr und mehr eine Rolle, und diese werden unter dem Deckmantel ethischer Überlegenheit verborgen, welcher sich in demokratisch organisierten Rechtsstaaten leicht als Unterlegenheit herausstellen kann.

Die Kunst des Krieges denn wird durch fünf konstante Faktoren bestimmt, die in unsere Überlegungen eingehen sollten, wenn wir versuchen, uns einen Überblick über die Bedingungen des Schlachtfeldes zu verschaffen.

Diese Faktoren sind:

1) das moralische Recht,[2]
2) Himmel,
3) Erde,
4) der Anführer,
5) Methodik und Disziplin.

---

2. Moralisches Recht meint heutzutage die Fähigkeit, eine Metaethik zu generieren, welche dazu in der Lage ist, unterschiedliche Modelle von Welt zu integrieren und zu regulieren. Eine solche Ethik müßte Erkenntnisse moderner Philosophie berücksichtigen, wie sie uns zum Beispiel im Radikalen Konstruktivismus durch von Glasersfeld und andere vorgeführt wurde. Ein Leitsatz moderner Ethik könnte darin bestehen, daß jedes Handeln nur dann auf Sicht erfolgreich ist, wenn es weitere Freiheitsgrade ermöglicht. So eine Ethik würde uns fast alle Kriege der letzten hundert Jahre als eindeutig unmoralisch erkennen lassen.

Das moralische Recht motiviert die Menschen dazu, vollkommen mit ihrem Anführer übereinzustimmen, so daß sie ihm auf Leben und Tod folgen, ohne Rücksicht auf irgendeine Gefahr zu nehmen.[3]

Himmel bezeichnet Nacht und Tag, Kälte und Hitze, Tages- und Jahreszeit.

Erde beinhaltet Entfernungen, weit oder nah; Gefahren und Sicherheiten; offenes Gelände und enge Pässe; sowie die Chancen von Leben und Tod.

Der Anführer steht für die Tugenden von Klugheit, Aufrichtigkeit, Wohlwollen, Mut und Geradlinigkeit.[4]

Unter Methodik und Disziplin verstehen wir das Aufteilen der Armee in ordentliche Unterdivisionen, das Verteilen der Ränge unter den Offizieren, die Behauptung der Straßen für die Versorgung der Armee und die Kontrolle militärischer Ausgaben und Kosten.

---

3. Nicht nur im Krieg, sondern auch in alltäglichen Dingen ist dies ein wichtiger Faktor. Ein Unternehmen, eine Gruppenarbeit oder auch eine Familie kann nur erfolgreich geführt werden, wenn alle Beteiligten mit dem moralischen Recht übereinstimmen. Wir erkennen dies an der Effektivität, mit der die jeweiligen Arbeiten durchgeführt werden. Eine nicht mit den Zielen übereinstimmende Person wird stets ineffektiv und fehlerhaft arbeiten und so auf Sicht den Erfolg der Unternehmung hemmen.

Diese fünf Punkte sollten jedem General vertraut sein, denn der, welcher sie gut kennt, wird siegreich sein, derjenige, welchem sie nicht vertraut sind, wird versagen.

Wenn man nun nach unseren Überlegungen versucht, die militärischen Bedingungen festzusetzen, sollte man folgende Vergleiche zu seiner gedanklichen Basis machen:

1) Welcher der beiden Herrscher ist von dem moralischen Recht durchdrungen?[5]
2) Welcher der beiden Generäle hat die größten Fähigkeiten?
3) Bei wem liegen die Vorteile, die durch Himmel und Erde bedingt sind?

---

4. Anführer welcher Unternehmung auch immer, ob nun von Kleingruppen, Geschäften, Kooperativen sollten stets nach diesen Kriterien gewählt werden. Wer auch immer in den jeweiligen Angelegenheiten Vorteil und Erfahrung erlangt, sollte diese regulieren. Hierfür sind weder Laufbahn, noch Äußeres, noch Status relevant, sondern einzig und allein die persönlichen Erfolge. Ein Prinzip, welches in bestimmten Situationen dem der Wahl (demokratisch) entgegensteht, da der Wähler oftmals nicht dazu in der Lage ist, solches zu erkennen.

5. Eine wichtige Frage, die es auch stets zu überlegen gilt, wenn wir eine persönliche Verhaltensweise zu ändern wünschen oder aber zwei oder auch mehrere Ziele gegeneinander abzuwägen haben.

4) Auf welcher Seite wird die Disziplin strenger durchgesetzt?[6]
5) Wessen Armee ist stärker?
6) Auf welcher Seite sind Offiziere und Soldaten besser ausgebildet?
7) In welcher Armee finden wir die größere Beständigkeit bei Belohnung und Bestrafung?[7]

Anhand dieser sieben Bedingungen, kann ich Sieg oder Niederlage vorhersagen.

Der General, der meinen Anweisungen folgt und auf ihrer Grundlage handelt, wird erfolgreich sein: So jemandem sollte man das Kommando geben. Der General aber, der meinen Anweisungen nicht folgt oder nicht auf ihrer Grundlage handelt, wird den Mißerfolg heraufbeschwören: – wir sollten so jemanden entlassen.[8]

---

6. Wollen wir ein Verhalten ändern oder eine automatische Emotion bekämpfen, ist es sinnvoll, Stärken und Schwächen abzuwägen. Ein Kampf auf aussichtslosem Posten sollte von vornherein als ein solcher erkannt werden. Es ist nützlich, in so einem Falle einen besseren Zeitpunkt abzuwarten und die Stärken auszubauen.

7. Eine Analyse, die auch psychologisch wertvoll ist. Wieviele Vorteile bringt uns eine Verhaltensänderung im Gegensatz zum Beibehalten derselben, und welche Konsequenzen erwachsen uns aus welcher Wahl?

Während man über die Vorzüge meiner Ratschläge nachdenkt, sollte man sich jeden weiteren hilfreichen Umstand zunutze machen, der jenseits der gewöhnlichen Regeln liegt.

Sollten die Umstände dies notwendig machen, kann man seinen Plan verändern.[9]

Die gesamte Kriegskunst beruht auf Täuschung.

Folglich sollten wir, wenn ein Angriff möglich ist, so wirken, als sei er unmöglich; während wir unsere Kräfte nutzen, sollten wir inaktiv wirken; wenn wir nahe sind, sollten wir beim Feind den Eindruck erwekken, wir wären noch weit weg; sind wir aber noch

---

8. Dies gilt auch dann, wenn wir Aufgaben delegieren. Und wenn wir uns selbst zu verändern wünschen, müssen wir uns an die Prinzipien halten, die wir aufgestellt haben. Ohne kontinuierliche Beobachtung und Überprüfung muß jedes Unternehmen auf Sicht scheitern. Man sagt im Allgemeinen, daß eine neue Verhaltensweise mindestens vier Wochen braucht, um sich zu etablieren. Ohne einen starken und disziplinierten Willen ist das nicht zu schaffen.

9. Jede Unternehmung wird schon dadurch verändert, daß wir sie selbst aus einer bestimmten Perspektive betrachten. Auf diese Weise ist der Erfolg abhängig von der Fähigkeit, seine Komplexität stets neu zu überdenken, um sich erfolgreich an situative Veränderungen anzupassen.

weit weg, sollten wir ihn glauben machen, wir wären nah.[10]

Lege Köder aus, den Feind zu verlocken. Täusche Unordnung vor und schlage dann zu.

Wenn er in allen Punkten sicher ist, sei bereit für ihn. Wenn seine Stärke überlegen ist, weiche ihm aus.

Ist der Gegner cholerischen Gemütes versuche, ihn zu reizen. Tue schwach, so daß er sich überlegen wähnt.[11]

Wenn er versucht, sich zu entspannen, gönn ihm keine Ruhe. Wenn seine Kräfte vereint sind, spalte sie.[12]

Greife ihn an, wo er unvorbereitet ist, erscheine, wo du nicht erwartet wirst.

---

10. Eine interessante Anweisung für den erfolgreichen Selbstveränderer. Mit Hilfe von meditativen Techniken lenken wir das Bewußtsein ab von alltäglichen Problemen, um diese dann aus einer ganz anderen und für unsere niederen Triebe uneinsehbaren Richtung heraus anzugehen. Eine Art Selbsttäuschung, die aus einer Metaperspektive heraus generiert wird.

11. Kennt man den Unterschied zwischen eristischer und moralischer Redekunst, kann man diese Anweisung auch sehr gut im Kontext der Schopenhauer'schen Kunstgriffe der Rhetorik verwenden.

Jene militärischen Listen, die zum Sieg führen, dürfen nicht im voraus enthüllt werden.

Der General, der einen Kampf gewinnt, macht sich in seinem Tempel viele Gedanken, bevor der Kampf ausgetragen wird. Der General, der einen Kampf verliert, macht sich vorher nur wenige Gedanken. So führen viele Überlegungen zum Sieg und wenige in die Niederlage: erst recht, wenn man gar keine Überlegungen anstellt! Indem ich diesem Punkt meine Aufmerksamkeit widme, kann ich vorhersehen, wer vermutlich gewinnen oder verlieren wird.[13]

---

12. Es kommt meistens vor, daß unterschiedliche automatische und destruktive Verhaltensweisen gemeinsam (koinzidierend) auftreten. Man spaltet diese, indem man Interdependenzunterbrecher setzt und sich dann zielorientiert eine nach der anderen vornimmt – dabei behält man ihre Einigungsversuche im Auge und unterbricht sie trickreich. Ablenkende Belohnungen wie Kekse für erfolgreiches Verhalten stärken dabei unsere moralischen Kräfte.

13. Jede Einleitung einer verändernden Maßnahme muß gut vorbereitet sein. Ist auch eine Entscheidung zum Handeln selbst losgelöst von rationalen Erwägungen, so ist doch ihr Erfolg abhängig von ausreichenden Erwägungen vorher und steter erfolgsorientierter Beobachtung dabei.

2. Krieg führen

Sun Tzu sagte: Im Kriegseinsatz, wenn wir eintausend schnelle Wagen im Feld haben, viele schwere Wagen und einhunderttausend gerüstete Soldaten, mit Vorräten für eine Strecke von tausend *li*,[1] dann werden die Ausgaben zu Hause und an der Front, inklusive der Unterhaltung von Gästen, kleinen Dingen wie Leim und Farbe und den Summen für Wagen und Waffen täglich die Gesamtsumme von eintausend Unzen Silber ausmachen. Derart sind die Kosten für das Aufstellen einer Armee von einhunderttausend Mann.

---

1. Ein *li* entspricht etwa 0,58 Kilometern.

Bist du in tatsächliche Kämpfe verwickelt und der Sieg läßt lange auf sich warten, werden die Waffen der Männer stumpf und ihre Begeisterung wird gedämpft. Solltest du eine Stadt belagern, wird deine Stärke ermatten.

Noch einmal, zieht der Feldzug sich hinaus, werden die Ressourcen des Staates der Belastung nicht gewachsen sein.[2]

Wenn jetzt deine Waffen stumpf sind, deine Begeisterung gedämpft ist, deine Stärke ermattet und dein Schatz verbraucht, werden andere Anführer kommen, um einen Vorteil aus deiner Zwangslage zu ziehen. In diesem Fall kann niemand, wie weise auch immer, die Folgen abwenden, die sich ergeben werden.

---

2. Auch im Kampf gegen sich selbst mit dem Ziel, Höheres zu erlangen, muß man mit Phasen der Ermattung rechnen. Wir kämpfen stets auf dem status quo, und künftige Erfolge werden uns jetzt noch nicht helfen. Deshalb ist es klug, self-stroking-Methoden zu ersinnen, sich Pausen zu gönnen und nach unterstützenden Faktoren Ausschau zu halten – andernfalls unterliegen wir uns selbst, und die Schwächen werden stärker und überwinden uns. Geduld zu lernen ist dabei ein äußerst wichtiger Faktor.

So, wenn wir auch schon von dummer Hast im Kriege hörten, werden wir niemals sehen, daß sich Klugheit mit Verzögerung paart.[3]

Es gibt kein Beispiel eines Landes, das von langwierigen Feldzügen profitiert hätte.[4]

Nur derjenige, der die Bosheiten des Krieges eingehend kennt, kann wirklich verstehen, wie man den Krieg auf vorteilhafte Weise führt.

Der geschickte Soldat führt keine zweite Erhebung durch, genauso wenig wie er seine Transportwagen mehr als zweimal beladen wird.

Nimm das Kriegsmaterial von Zuhause mit, aber beraube den Feind. Auf diese Weise wird die Armee ausreichend mit Nahrung versorgt sein.[5]

---

3. Eine gewiß auch im geschäftlichen Bereich nützliche Anweisung. Nur durch scharfe Beobachtung der Märkte und der Moden erkennen wir den richtigen Augenblick zum Handeln.

4. Psychologisch ist die einzige Ausnahme der stetige Kampf, das stete Streben nach höherer Erkenntnis. Doch diese trägt den Lohn in sich selbst und kann außerdem in Phasen unterteilt werden, die – je klarer kalkuliert – umso erfolgreicher sein werden.

5. Ein interessanter psychologischer Trick. Man sieht sich an, welche Belohnungen destruktive Verhaltensweisen erwarten und verwendet diese dann, um konstruktive Verhaltensweisen zu belohnen.

Armut der Staatskasse führt dazu, daß eine Armee durch Beiträge aus der Heimat aufrechterhalten werden muß, was wiederum dazu führt, daß das Volk verarmt.

Auf der anderen Seite führt die Nähe einer Armee dazu, daß die Preise steigen; und hohe Preise führen dazu, daß die Besitztümer des Volkes schwinden.

Wenn aber die Besitztümer des Volkes schwinden, wird die Bauernschaft durch schwere Eintreibungen geplagt sein.[6]

Bei diesem Verlust von Besitztümern und der Erschöpfung der Kräfte, werden die Höfe der Leute brach liegen und drei Zehntel ihres Einkommens schwinden; während die Ausgaben der Regierung für beschädigte Wagen, erschöpfte Pferde, Brustpanzer und Helme, Pfeile und Bögen, Speere und Schilde, schützende Mäntel, Zugochsen und schwere Wagen sich auf vier Zehntel der gesamten Staatseinahmen belaufen werden.

---

6. Auf Sicht ist jeder Krieg, ob er nun gewonnen oder verloren wird, für beide Seiten von Schaden. Der Verlierer leidet Not und der Gewinner wähnt sich überlegen und degeneriert.

Folglich wird der weise General die Notwendigkeit erkennen, Raubzüge beim Feinde zu unternehmen. Eine Wagenladung von des Feindes Proviant entspricht zwanzig unserer eigenen, und genauso entspricht ein *picul*[7] von seinem Futter zwanzig aus unserem eigenen Lager.[8]

Um nun den Feind zu töten, muß der Zorn unserer Männer entfacht werden. Damit sie einen Vorteil im Kampf gegen den Feind sehen, müssen sie Belohnungen bekommen.[9]

Deshalb sollen beim Gefecht mit Streitwagen, wenn zehn oder mehr erkämpft wurden, diejenigen belohnt werden, die den ersten eroberten. Unsere eigene Fahne soll die des Feindes ersetzen, und die eroberten Wagen sollen neben den unsrigen eingesetzt werden. Die gefangenen Soldaten sollten freundlich behandelt und bewacht werden.

---

7. asiat. Gewichtseinheit; entspricht etwa 60 kg.

8. Eine bekannte Regel, welche auch so ausgedrückt werden kann: Verwende die Stärke des Gegners gegen ihn.

9. Ein automatisches Verhaltensmuster werden wir nur dann verändern oder auflösen können, wenn wir uns selbst in einen Zustand tiefster Abneigung ihm gegenüber versetzen. Dann belohnen wir uns für jeden Erfolg, den wir darin haben, ihm Niederlagen zu verpassen.

Das nennt man, die besiegten Feinde zu benutzen, um die eigene Stärke zu erhöhen.

Im Kriege denn sollte das höchste Ziel der Sieg sein, nicht lange Feldzüge.[10]

Und nun sollte man noch wissen, daß der Führer der Armeen der Richter über das Schicksal der Menschen ist, ein Mann, von dem es abhängt, ob sich die Nation im Frieden oder in Gefahr befindet.

---

10. Aus diesem Grunde ist es sehr hilfreich, sich im Kampf gegen die eigenen moralischen Schwächen eine Zielstruktur zu überlegen. Am obersten Punkt dieser Struktur steht die neue moralische Verhaltensweise, und sie wird aufgegliedert in Teilziele und Teilerfolge.

3. Angriff nach Strategien

Sun Tzu sagte: In der praktischen Kunst des Krieges ist es das beste, des Feindes Land ganz und intakt zu erringen; es zu zerstören und zu zertrümmern ist nicht so gut. Ebenso ist es besser, eine Armee vollständig einzunehmen, als sie zu zerstören, ein Regiment, eine Abteilung oder eine Kompanie unversehrt gefangen zu nehmen, als ihre Männer zu töten.[1]

---

1. Die eigenen Schwächen in Stärken umzuwandeln wäre hier die psychologische Analogie. Destruktive Verhaltensweisen sind destruktiv in ihrem Kontext, nicht grundsätzlich. Sie zu zerstören statt zu verwandeln oder geschickter einzusetzen kann in ein psychisches Vakuum führen, welches meist dann nur wieder von anderen emotionalen Automatismen aufgefüllt wird. Dies führt in Pyrrhus-Siege.

Folglich zeugt es nicht von höchster Brillanz, in allen Schlachten zu kämpfen und zu erobern; höchste Brillanz ist, des Feindes Widerstand zu brechen ohne zu kämpfen.

Die höchste Form der Generalschaft besteht darin, des Feindes Plan zum Stocken zu bringen; die nächst beste besteht darin, die Verbindung der gegnerischen Kräfte zu unterbrechen; die nächste ist, des Feindes Armee im Felde anzugreifen; und die schlechteste Handlungsweise von allen ist, bewehrte Städte zu belagern.

Die Regel ist die, keine bewehrten Städte zu belagern, wenn man es irgendwie vermeiden kann. Das Vorbereiten von Sturmdächern, Aufstellen beweglicher Unterstände und unterschiedlicher Kriegswerkzeuge kann bis zu drei Monaten dauern; und das Aufschütten von Wällen, um über die Mauern zu gelangen, wird weitere drei Monate in Anspruch nehmen.

Der General, der seinen Zorn nicht kontrollieren kann, wird seine Männer aussenden wie schwärmende Ameisen, was dazu führt, daß einer von drei Männern erschlagen wird, während die Stadt noch immer ungenommen steht. Das sind die verheerenden Wirkungen einer Belagerung.

Deshalb wird der listenreiche Führer die Truppen des Feindes untergraben ohne zu kämpfen; er erobert seine Städte ohne sie zu belagern; er übernimmt seine Königreiche ohne längere Feldzüge.[2]

Mit intakten Kräften wird er sich die Herrschaft über das Reich erstreiten, und auf diese Weise wird sein Triumph vollkommen, ohne daß er auch nur einen Mann verlor. Das ist die Methode, nach Strategien anzugreifen.

Die Regel im Krieg besagt, wenn unsere Kräfte denen des Feindes zehn zu eins gegenüberstehen, umzingeln wir ihn; wenn fünf zu eins, greifen wir ihn an; wenn wir ihm zweifach überlegen sind, teilen wir unsere Armee in zwei.

---

2. Wenn wir uns selbst scharf beobachten, unsere Stärken und Schwächen gegeneinander aufwägen, werden wir feststellen, daß es bestimmte unmoralische Verhaltensweisen unsererseits gibt, die sehr stark befestigt sind. Sie zu belagern und einen Kampf gegen sie zu führen, ist eine riskante Sache. Geschickter ist es, sie nach unterstützenden Verhaltensweisen zu untersuchen und ihnen so – sozusagen – den Nachschub und die Allianz zu untergraben. Das wird sie schwächen, bis letztlich der Zeitpunkt gekommen ist, daß wir sie angehen können. Geduld und kluge Erwägung sowie kontinuierliche Beobachtung sind dabei unsere besten Verbündeten.

Wenn wir gleich stark sind, bieten wir die Schlacht an; sind wir geringfügig unterlegen, gehen wir ihm zunächst aus dem Wege; sind wir aber in jeder Hinsicht ungleich, so ist es nicht unehrenhaft, vor ihm zu fliehen.[3]

Folglich wird ein noch so hartnäckiger Kampf seitens niedrigerer Kräfte letztlich durch die größere Kraft überwältigt.

Nun ist der General das Bollwerk des Staates. Ist das Bollwerk in allen Punkten vollständig, wird der Staat stark sein; hat das Bollwerk Lücken, wird der Staat schwach sein.[4]

Es gibt drei Möglichkeiten, wie ein Führer Unglück über seine Armee bringen kann:

---

3. Ob wir gleich stark sind (psychologischer Kontext) kann oftmals nur durch den Kampf herausgefunden werden. Einen solchen Kampf sollten wir nur solange führen, bis wir dies herausgefunden haben, andernfalls wird uns unsere eigene Unterlegenheit auf Sicht schwächen und unsere Automatismen stärken.

4. Als Staat betrachten wir die selbstreferentielle Psyche. Der General wäre in Analogie der ausgebildete Metaprogrammierer (derjenige, welcher nach den Maximen des Staates Ziele setzt und sich dann psychischer Agenten bedient, um diese Ziele zu erreichen).

1) Indem er der Armee Vormarsch oder Rückzug befiehlt, und die Tatsache ignoriert, daß sie nicht gehorchen kann. So etwas nennt man, die Armee in eine heikle Situation bringen.[5]
2) Wenn er glaubt, die Armee genauso regieren zu können wie ein Königreich und dabei die Bedingungen ignoriert, die in einer Armee herrschen. Dies verursacht Unruhe im Geiste der Soldaten.[6]
3) Durch das Beschäftigen der Offiziere ohne Unterschied, was geschieht, wenn er das militärische Prinzip der Anpassung an die Umstände außer Acht läßt. Das erschüttert das Vertrauen der Soldaten.[7]

---

5. Psychologisch ein wichtiger Punkt. Es macht keinen Sinn, sich selbst Befehle und Anweisungen zu geben, wenn wir unfähig sind, diese auch zu befolgen. Die Ursachen hierfür mögen in unserer sozialen oder physischen Umwelt liegen oder aber auch in uns selbst. In ersterem Falle muß auf den passenderen Zeitpunkt gewartet oder die Umwelt entsprechend veränderungsorientiert werden, im zweiten Falle müssen wir zunächst dazulernen.

6. Im Gespräch mögen wir uns verständnisvoll zeigen und tolerant, da es uns stets unmöglich ist, die Perspektiven des Anderen Punkt für Punkt zu begreifen. Im Kampf aber gegen unsere Schwächen kann Toleranz schädlich sein, besonders dann, wenn man sie mit Geduld oder Selbstwertgefühl verwechselt.

7. Jedes Unternehmen bringt in sich eine gewisse Hierarchie mit. Diese nicht zu berücksichtigen führt in Statusspiele, die das Unternehmen hemmen.

Und wenn dann die Armee ruhelos und mißtrauisch geworden ist, gibt es sicher Ärger von Seiten der Feudalherren. Das bringt schlicht Anarchie in die Armee, und man verschleudert den Sieg.

Weiterhin sollten wir wissen, daß es fünf Grundregeln für den Sieg gibt:

1) Derjenige gewinnt, der weiß, wann man zu kämpfen hat und wann nicht.
2) Derjenige gewinnt, der weiß, wie überiegene und unterlegene Kräfte zu handhaben sind.
3) Derjenige gewinnt, dessen Armee in allen Rängen von demselben Geist durchdrungen ist.
4) Derjenige gewinnt, der gut vorbereitet warten kann, bis er den Feind unvorbereitet trifft.
5) Derjenige gewinnt, der über militärisches Begriffsvermögen verfügt und nicht mit Einmischungen von Seiten seines Landesherrn rechnen muß.

Daher das Sprichwort: Wenn du deinen Feind und auch dich kennst, brauchst du nicht die Ergebnisse von einhundert Kämpfen zu fürchten. Wenn du dich kennst, nicht aber deinen Feind, wirst du für jeden Sieg eine Niederlage erleiden. Wenn du weder dich noch deinen Feind kennst, wirst du in jeder Schlacht versagen.[8]

---

8. Eine Anweisung, die auch im Sport wichtig ist. Die Kenntnis der Schwächen und Stärken unserer Gegner ist ebenso wichtig wie unsere eigenen. Weiß ich nicht, auf welchem Spielstand, mit welchen bevorzugten Eröffnungstaktiken und Spielzügen mein Schachgegner operiert, bin ich auf aktuale Erwägungen angewiesen, die zeitintensiv sind und oftmals unausgereift. Kenne ich meine eigenen Limitationen nicht, gebe ich dem Gegner die Möglichkeit in die Hand, mich zu täuschen und zu verwirren.

4. Taktische Erwägungen

Sun Tzu sagte: Die guten Kämpfer der alten Zeit schlossen zunächst jede Möglichkeit der Niederlage aus, und dann warteten sie auf eine Gelegenheit, den Gegner zu besiegen.[1]

Uns vor einer Niederlage zu bewahren liegt in unserer eigenen Hand, aber für die Möglichkeit, den Feind zu besiegen, sorgt dieser selbst.[2]

---

1. Das Erwägen der Niederlage impliziert die Niederlage. Psychologisch ist so eine Perspektive destruktiv und zeigt außerdem Spielecharakter (vgl. Transaktionsanalyse Dr.med. Eric Berne). Das Erwägen des Sieges motiviert neue Erkenntnisse über das Wie und Wann des Sieges – wir gewinnen Stärke allein dadurch, daß wir diese erwarten.

So ist der erfahrene Kämpfer dazu in der Lage, sich selbst vor einer Niederlage zu bewahren, nicht aber dazu, die Niederlage des Gegners sicher zu stellen.

Demzufolge sagt man: Man kann wissen, wie man erobert, ohne dazu in der Lage zu sein, dies auch zu tun.

Um vor Niederlagen sicher zu sein, benötigt man Verteidigungstaktiken; die Fähigkeit, den Feind zu besiegen bedeutet, die Offensive zu ergreifen.

Auf der Defensive zu beharren deutet auf unzureichende Stärke; auf der Offensive hingegen auf Überschätzung der Stärke.[3]

Der General, der erfahren in der Verteidigung ist, versteckt sich in den geheimsten Winkeln der Erde; derjenige, der im Angriff erfahren ist, schnellt aus den höchsten Höhen des Himmels hernieder. So haben wir

---

2. Im Schach, Kampfsport und in der Rhetorik eine bekannte Maxime.

3. Viele Menschen erwarten die Veränderungen ihres Lebens aus der Perspektive des „Wartens auf den Weihnachtsmann" heraus. So werden sie nie erfolgreich sein, ihr Leben ist fremdreferentiell orientiert. Anders herum ist derjenige, der dauernd angreift und stets im Handeln begriffen ist dazu verdammt, ins Leere zu schlagen und seine Kräfte zu vergeuden. Wir unterscheiden hier den depressiven vom manischen Charakter.

auf der einen Seite die Fähigkeit uns selbst zu schützen, auf der anderen Seite aber auch einen vollkommenen Sieg.

Einen Sieg nur dann zu sehen, wenn ihn schon wirklich jeder erkennen kann, ist nicht gerade eine Kunst.

Ebenso ist es nichts Besonderes, wenn du kämpfst und eroberst und das ganze Königreich ruft: „Gut gemacht!"

Ein Laubblatt aufzuheben ist kein Zeichen großer Stärke; die Sonne oder den Mond zu sehen kein Zeichen scharfer Augen; den Donner zu hören kein Zeichen eines guten Gehörs.[4]

Was die Alten einen klugen Kämpfer nannten, ist jemand, der nicht nur gewinnt, sondern der sich dadurch auszeichnet, mühelos zu gewinnen.

Seine Siege bringen ihm folglich weder Ansehen an Weisheit noch Ehrung für Mut.

---

4. Dinge erfolgreich zu nennen, die uns leicht fallen, sind keine Erfolge an sich, denn sie ergeben sich automatisch aus den momentanen Bedingungen unserer Psyche heraus. Nur die Dinge, die schwer zu erlangen sind, sind echte Erfolge, denn sie implizieren eine Veränderung unserer Psyche und sind selbstreferentiell motiviert.

Er gewinnt den Kampf dadurch, daß er keine Fehler macht. Keine Fehler zu machen ist es, was den Sieg sichert, was wiederum bedeutet, einen Gegner zu schlagen, der bereits besiegt ist.

Demzufolge versetzt sich der geschickte Kämpfer in eine Position, die eine Niederlage unmöglich macht, und er versäumt auch nicht den passenden Augenblick, um den Gegner zu besiegen.

So ist es denn, daß der siegreiche Stratege den Kampf erst dann sucht, wenn der Sieg bereits errungen ist, so wie der dem Untergang Geweihte zuerst kämpft und dann Ausschau nach seinem Sieg hält.

Der vollendete Anführer kultiviert das moralische Recht und hält strikt an Methodik und Disziplin fest; so liegt es in seiner Macht erfolgreich zu sein.[5]

Hinsichtlich militärischer Maßnahmen gilt es als erstes, Abmessungen vorzunehmen; zweitens, die Größe

---

5. In unserer psychologischen Analogie bedeutet dies eine klare Ausformulierung einer spezifischen und metaperspektivischen Ethik, die stets im Auge behalten wird und deren Maximen im Geiste kontinuierlich wiederholt werden. Die aus ihr folgenden moralischen Handlungsmaximen müssen strikt befolgt werden, da ihr Nichtbefolgen die Ethik in Frage stellt.

zu schätzen; drittens, scharf zu kalkulieren; viertens, die Chancen abzuwägen und fünftens den Sieg zu erlangen.

Die Abmessungen verdanken wir den Bedingungen des Geländes, die Einschätzung der Größe der Abmessung, die scharfe Kalkulation der geschätzten Größe, die Abwägung der Chancen der Kalkulation und den Sieg der rechten Abwägung der Chancen.[6]

Eine siegreiche Armee steht einer in die Flucht geschlagenen gegenüber, wie wenn das Gewicht eines Pfundes gegenüber einem einzigen Korn in die Waagschale geworfen wird.

Der Ansturm einer erobernden Kraft gleicht dem Herabdonnern des Wassers in einen tausend Faden tiefen Abgrund.[7]

---

6. Unter Bedingungen des Geländes können wir die situativen Umstände unserer sozialen und physischen Umwelt verstehen. Es gibt Momente, in denen sich ein Kampf nicht lohnt, da wir mit zu großen Umweltvariablen konfrontiert sind, um den Erfolg noch abschätzen zu können.

7. Im Kampf gegen unsere Faulheiten müssen wir unsere Stärken kulminieren, aus verschiedenen Richtungen angreifen, stets den Überblick behalten und hart und tief zuschlagen. Der geistige Feind darf keine Möglichkeit zur Pause haben und keine Chance zum Gegenangriff bekommen. Wir verbieten ihm, unsere Ziele zu hinterfragen und unsere Kräfte zu spalten. Wir kämpfen bis zum Sieg und nicht nur bis zur halben Strecke.

5. Tatkraft

Sun Tzu sagte: Die Kontrolle einer größeren Macht gleicht der Kontrolle einiger Männer: es ist nur eine Frage der Aufteilung ihrer Zahl.

Mit einer großen Armee unter unserer Kontrolle zu kämpfen unterscheidet sich nicht sehr davon, dies mit einer kleinen zu tun, es kommt nur darauf an, Zeichen und Signale zu setzen.[1]

Sicher zu gehen, daß unsere gesamte Heerschar dem Ansturm der feindlichen Angriffe widersteht und sie unerschüttert überstehen kann – das ist ein Ergebnis direkter und indirekter Manöver.[2]

Daß der Aufprall unserer Armee dem eines Schleifsteins auf einem Ei gleicht, ist ein Ergebnis der Kenntnis von Schwachpunkten und Stärken.

In allen Kämpfen sollte die direkte Methode verwendet werden, wenn wir den Kampf suchen, die indirekten Methoden aber benötigen wir, um uns den Sieg zu sichern.

---

1. Im Kampf des Strebens nach Höherem werden letztlich alle Verhaltensweisen unter diesem Ziel sortiert. Damit dies erfolgreich ist, müssen für die unterschiedlichen Arten unserer Verhaltensweisen verschiedene Motivationsfaktoren und Anweisungen formuliert werden. Ein Gefühl versteht keine verbale Anweisung, eine Fähigkeit zur logischen Schlußfolgerung kein emotionales Ausdrucksverhalten. Belohnungen und Einsatz müssen unterschiedlich koordiniert werden. Daß man seine geistige Armee gut kennt, ist naturgegeben Voraussetzung. Letztlich geht es darum, seine Kräfte so zu organisieren, daß sie sich nicht mehr gegenseitig behindern, sondern alle in die gleiche Richtung laufen und sich gegenseitig unterstützen. Am späten Abend mit disziplinatorischem Zwang aufzuwarten macht weniger Sinn als am frühen Morgen, wenn unsere Kräfte noch nicht verbraucht sind.

2. Das Ziel, morgens eine Stunde früher aufzustehen, um Sport oder eine Meditation zu betreiben, kann nur direkt angegangen werden. Eine destruktive Emotion hingegen greift man indirekt, von mehreren Seiten und trickreich an, um sich selbst zu überlisten und ihr Auftreten unwahrscheinlich zu machen.

Sorgfältig ausgewählte indirekte Taktiken sind so unergründlich wie Himmel und Erde, so unendlich wie das Fließen von Flüssen und Strömen; sie sind wie die Sonne und der Mond, sie gehen unter und wieder auf; und sie sind wie die Zeiten des Jahres, die gehen und die wiederkehren.[3]

Es gibt nicht mehr als fünf Töne, aber wenn man diese fünf kombiniert, ergeben sich mehr Melodien als man jemals hören kann.

Es gibt nur fünf grundlegende Farben (Blau, Gelb, Rot, Weiß und Schwarz), aber wenn man sie kombiniert, erhält man mehr Farbtöne, als man sich jemals vorzustellen vermag.

Es gibt nur fünf reine Geschmäcker (sauer, scharf, salzig, süß und bitter), doch ihre Kombinationen bringen

---

3. Diese Unergründlichkeit verstehen wir in unserer psychologischen Analogie besser, wenn wir uns vergegenwärtigen, daß Psyche nicht nur aus bewußten Gedanken und Vorstellungen besteht, sondern auch aus latenten und instinktiven Gedanken und Vorstellungen. Eine Emotion wird nicht besorgt reagieren, wenn wir uns rational vornehmen, sie zu beseitigen, denn sie spricht eine andere Sprache. Wir können in aller Ruhe logisch planen, ohne von ihr gestört zu werden. Dann bekämpfen wir sie mit Gegenemotionen konstruktiver Art und mit Ablenkungsmanövern des Handelns, und sie wird gar nicht bemerken, daß wir sie angreifen.

mehr Aromen hervor als jemals probiert werden können.

Im direkten Kampf gibt es nicht mehr als zwei Methoden anzugreifen – die direkte und die indirekte; aber diese beiden kombiniert ergeben eine unendliche Reihe verschiedener Manöver

Das Direkte und das Indirekte gehen Hand in Hand. Es ist, als gehe man im Kreis, man kommt niemals an ein Ende. Und wer kann die Möglichkeiten ihrer Kombinationen ermessen?[4]

Der Ansturm der Schar gleicht dem reißenden Strom, der in seinem Fluß sogar Steine zum Rollen bringt.

Eine wohlgefällte Entscheidung gleicht dem gezielten Herabstoßen des Falken, das ihm ermöglicht zuzuschlagen und sein Opfer zu vernichten.

---

4. Aus umgehenden und indirekten psychischen Manövern folgen stets direkte Verhaltensweisen. Umgekehrt folgt aus der Überlegung direkter Manöver eine Kette indirekter, um sie zu verschleiern oder zu unterstützen.

Deshalb wird der gute Kämpfer sich als schrecklich in seinem Anstrum und unzögerlich in seinen Entscheidungen erweisen.[5]

Die Tatkraft gleicht der Spannung eines Bogens; die Entscheidung dem Abschießen des Pfeils.

Mitten in Aufruhr und Verwirrung des Krieges mag es aussehen, als herrsche Unordnung und doch ist dort keine wirkliche Unordnung. Inmitten der Verwirrung und des Chaos, mag deine Schlachtordnung wirken als hätte sie weder Hand noch Fuß, und doch wird sie vor der Niederlage sicher sein.[6]

So tun zu können, als herrsche Unordnung setzt totale Disziplin voraus; so zu tun, als herrsche Furcht

---

5. Das Verzögern von Entscheidungen kann, muß aber nicht, ein Problem zu niedriger geistiger Komplexität sein. Der Schwarz-Weiß-Denker handelt relativ zügig, dafür aber immer gleich – seine Pläne sind durchschaubar und zeugen stets von „Mehr Desgleichen". Der Zwei-Wege-Denker ist mit dem Problem konfrontiert, daß ihm stets beide Wege gleich wichtig erscheinen, so springt er hin und her und erreicht kein Ziel ganz. Der multiple Geist ist umso effektiver, je mehr Komplexität er beobachten kann und je rascher er zu reagieren und zu handeln vermag. Zögern zeigt bei diesem stets mangelnde Erfahrung und schlechte geistige Strukturierungsfähigkeit an, die es durch Training zu verbessern gilt und durch Handlung zu vertiefen.

erfordert Mut; Schwäche zu simulieren bedarf der Stärke.

Geregelte Ordnung unter dem Deckmantel von Unordnung zu verbergen, ist nur eine Frage guter Aufteilung. Mut mit vorgetäuschter Ängstlichkeit zu verschleiern, setzt einen Vorrat verborgener Tatkraft voraus; Stärke mit Schwäche zu maskieren, ist das Resultat taktischer Erwägungen.[7]

Somit wird derjenige, der geschickt darin ist, den Gegner in Bewegung zu halten, Täuschungen auf-

---

6. Dies wird umso klarer, wenn wir zwei Geister miteinander vergleichen. Dem Anfänger des Strebens oder dem tumben Bourgeois sind die Ziele und Verfahrensweisen des Denkers und des nach Freiheit Strebenden unklar, verworren und scheinbar ziellos. Streben gleicht ihm dem Luxus, strebensförderliche Verhaltensweisen erscheinen ihm nutzlos. Dennoch sieht der freie Geist bei weitem mehr und ist gerade wegen seines umfassenderen Blickes bei weitem besser dazu in der Lage, angemessen zu reagieren.

7. Ein nützlicher Hinweis auch dafür, um von anderen zu lernen. Wer sich in Bescheidenheit übt und seine Absichten in Frage stellt, wird dem Gesprächspartner möglicherweise unsicher erscheinen – vor allem dann, wenn dieser wie die meisten Menschen nur den Statusvorteil im Auge hat. Dennoch lernt der Infrage-Stellende mehr und wird zu einem komplexen Wesen, wo der Andere aus Furcht vor seinen Schwächen zurückzuckt und alles beim Alten beläßt.

bauen, denen der Gegner folgen wird. Er opfert etwas, auf daß der Feind danach schnappen möge.

Er legt Köder aus und hält den Gegner in Bewegung; und mit einer sorgfältig ausgewählten Schar liegt er im Hinterhalt auf der Lauer und wartet auf ihn.[8]

Der kluge Streiter spekuliert auf die Gewalt gesammelter Schlagkraft und verlangt nicht zu viel von Einzelpersonen. Folglich ist es wichtig, sorgfältig die richtigen Männer auszuwählen, die sich gegenseitig gut in ihrer Kraft ergänzen.[9]

Wenn es ihm gelingt, die gesammelte Schlagkraft zu benutzen, dann werden seine kämpfenden Männer einem Erdrutsch oder herabrollenden Baumstämmen

---

8. Kann wichtig sein, wenn man sich über das Zustandekommen eines psychischen Automatismus nicht im Klaren ist. Man kennt den Zusammenhang seines Auftretens, wartet ihn ab und schlägt dann mit vielfältigen Mitteln zu. Dies erübrigt längere und fruchtlose Psychoanalysen, die meist sowieso kontingent sind.

9. Wer versucht, geistige Probleme und Handlungsunfähigkeiten zum Beispiel nur durch Motivation zu bekämpfen, wird versagen. Die gesammelte (und dem jeweiligen Problem angemessene) geistige Schlagkraft ist gefragt. Zuviele Module führen in die Zersplitterung geistiger Kraft, zuwenig in die Niederlage. Einheit wird dadurch erzeugt, daß die Module unter einer Leitdifferenz generiert werden, welche zielführend sein soll.

gleichen. Denn es liegt in der Natur eines Baumstammes oder Steins, bewegungslos auf ebener Erde zu liegen und auf einem Abhang ins Rollen zu kommen. Sind sie viereckig, kommen sie zum Stillstand, sind sie rund, rollen sie weiter herunter.

So gleicht die gesammelte Tatkraft guter Soldaten dem großen runden Stein, der einen tausend Fuß hohen Berg herunterrollt. Soviel zu der Sache der Tatkraft.

6. Schwachpunkte und Stärken

Sun Tzu sagte: Wer auch immer der Erste ist, der am Kriegsschauplatz erscheint und dort auf den Feind wartet, ist derjenige, der gut auf den Kampf vorbereitet ist. Wer Zweiter ist, und sich zum Kampf eilen muß, wird erschöpft ankommen.[1]

---

1. Es ist besser, gut vorbereitet zu sein und einen Plan zu haben, wie die schädliche Emotion oder das unmoralische Verhalten bekämpft werden kann. Abzuwarten, bis der Destruktivismus auftaucht und sein Kommen zu beobachten ist klüger als erst dann zu reagieren, wenn er sich bereits etabliert hat. Deshalb liegt der kluge Geist stets auf der Lauer und verhindert, daß die negative Emotion oder das faule Verhalten überhaupt ihr Lager aufschlagen können.

Daher zwingt der kluge Streiter dem Gegner seinen Willen auf, erlaubt es aber umgekehrt dem Gegner nicht, ihm seinen Willen aufzuzwängen.[2]

Indem er ihm Vorteile anbietet, kann er den Feind dazu zwingen, nach seinen Regeln zu spielen und sich zu nähern, wenn es ihm paßt; oder, indem er Schaden verursacht, kann er es dem Feind unmöglich machen, sich zu nähern.

Sucht der Feind Bequemlichkeit, ist es angebracht, ihn aufzustören; ist er gut mit Vorräten versorgt, hungert man ihn aus; und wenn er gerade ruhig lagert, bringt man ihn dazu, in Bewegung zu kommen.[3]

---

2. Eine wichtige Sache im Kontext der Konditionierung. Die meisten schädlichen Verhaltensweisen und Gedanken sind sozial etabliert. Sie zu bekämpfen impliziert nicht zuzulassen, daß negative Geister uns beeinflussen. Am besten tut man dies, indem man der Nachschubversorgung der eigenen Emotionen einen Block versetzt und Themen vermeidet, die diese füttern – sozial aber auch gedanklich.

3. Die meisten moralisch schädlichen und psychisch destruktiven Gedanken und Vorstellungen tendieren zur Wiederholung und unterstützen Faulheiten. Erkennen wir eine Faulheit als eine solche und nicht als eine tatsächlich schöpferische Pause gilt es, sofort disziplinatorische Maßnahmen zu ergreifen und Unruhe zu erzeugen.

Erscheine an Punkten, die der Feind eilig verteidigen muß; marschiere geschwind zu Orten, an denen du nicht erwartet wirst.

Eine Armee marschiert größere Strecken stets dort am besten, wo der Feind sie nicht erwartet.

Man ist sich seiner Angriffserfolge am sichersten, wenn man Orte angreift, die unverteidigt stehen. Und die besten Verteidigungsplätze für einen selbst sind diejenigen, die nicht angegriffen werden können.

Folglich ist der General im Angriff am fähigsten, dessen Gegner nicht weiß, was er verteidigen soll. Und derjenige ist in der Verteidigung am fähigsten, dessen Gegner nicht weiß, was er angreifen soll.[4]

O, du ausgesuchte Kunst von Feinfühligkeit und Geheimnissen! Durch dich lernen wir unsichtbar, unhörbar zu sein; und so halten wir das Schicksal des Feindes in unserer Hand.

---

4. Nehmen wir an, wir wollen eine Emotion bekämpfen, so wäre diese Anweisung hier so zu verstehen, daß wir bewußt eine Emotion formen, die der ungewünschten entgegensteht. Wir können nicht traurig sein, wenn wir uns mit einem Gefühl der Zufriedenheit ausfüllen, nicht zornig, wenn wir uns die Erkenntnis zunutze machen, daß jedes Erlebnis ein sinnhaftes im Kontext unserer Entwicklung ist – selbst wenn wir dies manchmal noch nicht einzusehen vermögen.

Du kannst vorrücken und niemand kann dir widerstehen, wenn du die Schwachpunkte des Feindes angehst. Du kannst dich zurückziehen und sicher vor Verfolgung sein, wenn deine Bewegungen schneller sind als die des Feindes.

Wenn wir zu kämpfen wünschen, können wir den Feind dazu bringen etwas zu tun, auch wenn er sich gerade hinter hohen Wällen und einem tiefen Graben verschanzt hat. Alles, was wir tun müssen, ist irgendeine andere Stelle zu attackieren, die er verteidigen muß.[5]

5. Eine Kunst des indirekten Angreifens. Wir liegen auf dem Sofa und sind faul, obwohl wir uns vorgenommen haben, Sport zu betreiben. Wir formen den Gedanken an Fettleibigkeit und fordern so unsere Eitelkeit heraus, in Bewegung zu kommen.

Und wenn wir nicht kämpfen wollen, können wir den Feind davon abhalten uns anzugreifen, auch wenn die Befestigung unseres Lagers noch nicht einmal richtig begonnen hat. Alles, was wir tun müssen ist, ihm etwas Merkwürdiges und Unerklärliches in den Weg zu stellen.[6]

Gelingt es uns, die Position des Feindes auszumachen und selbst unsichtbar zu bleiben, können wir unsere Kräfte zusammenhalten, während der Feind die seinen aufteilen muß.

So bilden wir einen geeinten Korpus, während sich der Feind in Fraktionen aufteilen muß. Somit steht hier ein Ganzes Teilen eines Ganzen gegenüber, was bedeutet, daß wir viele gegenüber den Wenigen des Feindes sein werden.[7]

Und wenn es uns somit gelingt, eine unterlegene Macht des Gegners mit einer überlegenen anzugrei-

---

6. Eine Sache, die der Meditierende gut versteht. Statt sich mit einer therapeutischen Meditation zu beschäftigen, die ihn in seine Probleme nur noch mehr involviert, konzentriert er sich auf etwas Losgelöstes und lenkt so seinen Geist vollständig ab. Dies schafft Klarheit, neue Perspektiven, ohne daß wir groß darüber nachdenken müssen – ein paradoxer Effekt. Das Nichtbeschäftigen führt zu effektiverer Beschäftigung.

fen, befindet sich der Feind in einer furchtbaren Notlage.

Die Stelle, an der wir zu kämpfen beabsichtigen, darf nicht bekannt sein, denn dann muß sich der Feind auf einen möglichen Angriff an mehreren verschiedenen Stellen vorbereiten. Und wenn seine Kräfte somit in viele Richtungen verstreut sind, wird die Zahl derer, denen wir an einem beliebigen Punkt gegenüberstehen, vergleichsweise gering sein.[8]

Sollte der Feind nun seine Front verstärken, schwächt er seine Rückendeckung. Stärkt er seine Rückendekkung, schwächt er seine Front. Sollte er seine linke Seite zu stärken suchen, schwächt er seine rechte; und stärkt er umgekehrt die rechte, schwächt er seine linke Seite. Und wenn er überall Verstärkung hinschickt, wird er überall schwach sein.

---

7. Je mehr Motive, Wünsche, Triebe und Gedanken wir unter einer Ethik zu subsummieren verstehen, desto mehr graben wir den Negativen unter ihnen das Wasser ab und können so selbst negative Gedanken umframen und uns nutzbar machen.

8. So manche nutzlose Emotion beinhaltet ein bequemes Ziel. Dieses Ziel kann durchaus beibehalten und anders erreicht werden, so daß die Emotion – sozusagen – gar nicht bemerkt, daß sie angegriffen wird.

Zahlenmäßige Schwäche rührt daher, sich gegen mögliche Angriffe vorbereiten zu müssen; zahlenmäßige Stärke daher, daß wir unseren Gegner zwingen, diese Vorbereitungen gegen uns zu treffen.

Kennen wir Zeit und Ort des Kampfes, können wir uns aus den größten Entfernungen sammeln, um zu kämpfen.

Wenn aber weder Zeit noch Ort bekannt sind, ist die linke Flanke nicht dazu in der Lage, der rechten beizustehen, die rechte gleichermaßen unfähig, der linken zu helfen, die Front kann der Nachhut nicht helfen oder die Nachhut der Front. Und das Ganze wird um so schlimmer, wenn die entferntesten Teile der Armee etwas unter einhundert *li* voneinander entfernt und sogar die nächsten noch durch mehrere *li* getrennt sind!

Obwohl nach meiner Einschätzung, uns die Soldaten Yue's zahlenmäßig überlegen sind, bringt es ihnen keinen Vorteil in der Angelegenheit des Sieges. In diesem Falle sage ich, daß der Sieg erlangt werden kann.

Auch wenn der Feind zahlenmäßig stärker ist, können wir ihn vom Kämpfen abhalten. Schmiede deine Ränke, um seine Pläne und die Wahrscheinlichkeit ihres Erfolges aufzudecken.

Scheuche ihn auf und erkenne das Prinzip, auf dem seine Tätigkeit oder Untätigkeit beruht. Zwinge ihn, sich Blöße zu geben, um seine verwundbaren Stellen zu finden.[9]

Vergleiche sorgfältig die gegnerische Armee mit deiner eigenen, so daß du erkennst, wo Stärke überreichlich und wo nur mangelhaft vorhanden ist.

Beim Planen taktischer Dispositionen ist das höchste Ziel, sie zu verbergen. Verbirg' deine Pläne, und du wirst noch vor den gerissensten Spionen sicher sein und vor den Machenschaften der weisesten Köpfe.

Wie man den Sieg mit Hilfe der Taktik des Feindes erlangt, ist eine Angelegenheit, die die breite Masse nie verstehen wird.[10]

---

9. Die Mechanismen unserer Konditionierung sind uns weitestgehend unbekannt. Sie zu kennen würde viele von ihnen obsolet machen. Deshalb geht ein Mensch, der sich zu verändern wünscht, stets so vor, daß er immer und immer wieder an Schwachpunkten rührt. Dies führt in Erfahrung mit diesen und zu höherer Erkenntnis über ihr Zustandekommen, was letztlich ihr Auftreten unwahrscheinlicher macht.

10. Die „Kunst des Krieges" ist eine Anweisung für die Überragenden unter den Menschen. Der Kampf gegen das niedere Selbst ist einer, der nur vom überlegenden Geist geführt werden kann. Deshalb muß der Unerfahrene zunächst seine Kenntnisse, Fähigkeiten und Fertigkeiten, sein Wissen und die Kenntnis davon, wie er dieses Wissen relationieren kann, vergrößern, bevor er damit beginnt, den Krieg gegen das Niedrige in ihm selbst zu beginnen.

Jeder kann die Taktik erkennen, mit der ich erobere, doch kann niemand die Strategie erkennen, aus der heraus sich der Sieg entwickelt.

Wiederhole keine Taktiken, die dich zum Sieg führten, sondern verhalte dich entsprechend der unendlichen Möglichkeiten der jeweiligen Umstände.[11]

Militärische Taktiken sind wie Wasser, denn Wasser fließt natürlicherweise von höheren Plätzen schnell nach unten.

So sollte man auch im Krieg das Starke meiden und gegen das Schwache ankämpfen.

Wasser bahnt sich seinen Weg entsprechend der Beschaffenheit des Grundes, über den es fließt; und so erarbeitet sich der Soldat seinen Sieg entsprechend dem Feind, dem er gegenübersteht.

---

11. Das ist sehr wichtig! Die Module der Psyche sind äußerst tricky und anpassungsfähig. Ohne stete Veränderung unserer Vorgehensweise werden wir früher oder später stagnieren und Rückschritte machen. Yoga mag geeignet sein, einige Verspannungen abzubauen, doch die subtileren unter ihnen werden Mittel und Wege finden, durch die Hintertür wieder hereinzukommen. Nur Veränderung der Taktik führt dazu, daß der psychische Gegner keinen Ruhepunkt findet und sich letztlich unserer kontinuierlichen Veränderung anpaßt, indem er beginnt, uns in unseren Bemühungen zu unterstützen.

Deshalb gibt es im Krieg ebenso keine gleichbleibenden Bedingungen, wie das Wasser keine gleichbleibende Gestalt bewahrt.

Derjenige also, der seine Taktiken im Verhältnis zu seinem Gegenspieler verändern kann und dabei erfolgreich siegt, den nennen wir den geborenen Anführer.[12]

Die fünf Elemente (Wasser, Feuer, Holz, Metall und Erde) herrschen nicht immer gleichermaßen vor. Die vier Jahreszeiten wechseln einander ab. Es gibt kurze und lange Tage, und der Mond hat zunehmende und abnehmende Phasen.[13]

---

12. So zeichnet sich auch ein guter Chef durch Kreativität in sozialen Angelegenheiten aus, um den Fauleren unter seinen Untergebenen keine Chance zu geben, ihre Faulheit durch Erwartung der Verhaltensweisen des Chefs zu etablieren.

13. Tiefere Meditationen bedürfen zum Beispiel der Dunkelheit der Nacht, welche im Winter einfacher zu finden ist. Ausgeprägtere aerobe Aktivitäten sind leichter im Sommer durchzuführen. Der späte Nachmittag ist gewöhnlich für logisches Denken ungeeignet, der frühe Morgen bringt etliche Probleme für Dehnungsübungen mit sich. All solche Dinge muß man im Kampf gegen das innere Faultier berücksichtigen, denn sonst wird es diese Gründe gegen uns anführen und gar nichts mehr tun.

7. Manöver durchführen

Sun Tzu sagte: Im Krieg erhält der General seine Anweisungen von seinem Lehnsherren.

Wenn die Armee beisammen ist und ihre Kräfte konzentriert, muß er ihre verschiedenen Elemente gut geeint und harmonisiert haben, bevor er das Lager aufschlägt.[1]

Darauf folgt taktisches Manövrieren, und es gibt nichts Schwierigeres. Das Problem taktischer Manöver besteht darin, das Irreführende in das Gelenkte umzuwandeln und Unglück in Vorteil.

Es zeigt Wissen in der Kunst der Verwirrung, wenn man einen langen und umständlichen Weg wählt, nachdem man den Feind dazu brachte, von seinem Weg abzuweichen, und dann nach ihm aufbricht und dennoch vor ihm das Ziel erreicht.

Manöver mit einer Armee durchzuführen ist vorteilhaft, mit einer undisziplinierten Masse aber höchst gefährlich.

Wenn man eine voll ausgerüstete Armee in Marsch setzt, um sich einen Vorteil zu ergattern, besteht stets die Möglichkeit, daß man zu spät ankommt. Auf der anderen Seite aber beinhaltet das Aussenden einer fliegenden Vorhut die Opferung von ihren Vorräten und ihrem Gepäck.

---

1. In Analogie wäre der Lehnsherr die allgemeine Formel, das Selbst auf Höheres hin auszurichten. Der General (unser Metaprogrammierer) nun muß eine genaue Analyse schwächerer und stärkerer Module durchführen, diese schriftlich auflisten und dann herausfinden, welche Module genau mit welchen anderen am besten zusammenarbeiten. Widerstreitende Module sollten vom Einsatz her zeitlich verschoben sein und/oder durch eine gemeinsame Motivation geeint werden. Erfahrungsgemäß kann diese Bestandsaufnahme einen Zeitraum von vier Wochen einnehmen, wobei man stets darauf achten muß, ob und wie Veränderungen auftreten. Bereits das Erstellen der Bestandsaufnahme impliziert eine bestimmte Beobachterperspektive, die andere Stärken und Schwächen zu beobachten ausschließt. Dies muß man berücksichtigen.

Hältst du also deine Mannen an, ihre Büffelleder-Mäntel einzupacken und einen strengen Marsch durchzuführen ohne Pause bei Tag oder Nacht, und legst dabei hundert *li* zurück – das Doppelte der üblichen Strecke – um einen Vorteil an dich zu reißen, werden die Führer aller deiner drei Divisionen in die Hände des Feindes fallen.[2]

Die stärkeren Männer werden vorweg laufen, die schlapperen von ihnen werden zurückfallen, und auf diese Weise wird letztlich nur einer von zehn Männern deiner Armee sein Ziel erreichen.

Marschierst du hingegen fünfzig *li* mit dem Plan, den Feind auszumanövrieren, wirst du den Führer der ersten Division verlieren, und nur die Hälfte deiner Kräfte wird das Ziel erreichen.

Marschierst du mit der gleichen Truppe dreißig *li* weit, werden zwei Drittel deiner Armee ankommen.

---

2. Dies ist die Kunst, belohnende Pausen einzurichten und Selfstrokes zu erfinden. Der kontinuierliche und übertriebene Kampf ermüdet den Geist. Wer im Sport anfangs übertreibt, muß mit Verletzungen und Übertrainierung rechnen, was ihn zurückwirft und längst nicht die gleichen Erfolge mit sich bringt wie die aufbauende kontinuierliche Veränderung mit rücksichtsvollen Pausen – je nach Stand der Fähigkeiten.

Wir sollten deshalb begreifen, daß eine Armee ohne ihre Gepäckwagen ebenso verloren ist wie ohne ihren Proviant und ohne Versorgungslager.[3]

Es ist nicht möglich, Verbündete zu gewinnen, wenn wir nicht mit den Angelegenheiten unserer Nachbarn vertraut sind.[4]

---

3. Bei jeder zielorientierten Selbstveränderung muß Zeit dafür sein, neue Kräfte zu sammeln. Sich einen Film anzusehen kann eine unterstützende Angelegenheit werden, wenn dies nicht zu häufig geschieht und der Film nicht Konditionierungsmechanismen unterstützt, die wir als schädlich erkannten.

4. Für die meisten geistigen Angelegenheiten ist es wichtig, im sozialen Umfeld nach Freunden zu suchen, die diese unterstützen (können). Damit dies effektiv geschieht, müssen wir diese potentiellen Freunde einer genauen Prüfung unterziehen und ihre Motive herauszubekommen suchen. Unterlassen wir dies, mögen sie es sein, die uns neue Fallgruben aufstellen.

Wir sind nicht dazu in der Lage, eine Armee auf einen Marsch zu führen, wenn wir nicht mit den Angelegenheiten der Landschaft vertraut sind, ihren Bergen und Wäldern, ihren Fallgruben und Steilklippen, ihren Mooren und Sümpfen.[5]

Wir werden unfähig sein, naturgegebene Vorteile zu nutzen, wenn wir uns nicht eines einheimischen Führers bedienen.

Im Krieg solltest du lernen dich zu verstellen, dann wirst du erfolgreich sein.

Ob man seine Truppen eher zusammenhält oder trennt, ist eine Angelegenheit der jeweiligen Umstände.

Laß deine Geschwindigkeit der des Windes gleichen und deinen Zusammenhalt dem des Waldes.

In Überfällen und Plünderungen gleiche dem Feuer, in deiner Unerschütterlichkeit dem Berg.

---

5. Jedes Verhalten tritt im Kontext sozialer und physischer Umwelt auf. Diese muß ebenso untersucht werden wie das Verhalten selbst. Es macht keinen Sinn sich vorzunehmen mehr zu meditieren, wenn wir gerade mitten in einer zeitintensiven und kräfteraubenden Arbeit stecken.

Laß deine Pläne dunkel und undurchschaubar sein wie die Nacht, und wenn du dich bewegst, dann brich hervor wie der Donnerschlag.

Plünderst du einen Landstrich, so verteile die Beute unter deinen Männern. Wenn du neues Territorium eroberst, so teile es als Lohn unter den Soldaten auf.

Überlege wohl und bedächtig, bevor du eine Sache angehst.

Derjenige wird der Erobernde sein, der die Kunst der Verwirrung gut gelernt hat. Dies ist die Kunst des Manövrierens.

Das Buch der Armeeführung sagt: Auf dem Schlachtfeld trägt das gesprochene Wort nicht weit genug: Deshalb sollte man Gongs und Trommeln verwenden. Genauso wenig kann man gewöhnliche Objekte gut genug erkennen, weshalb man Banner und Flaggen einsetzt.

Gongs und Trommeln, Banner und Flaggen sind Mittel, mit denen die Augen und Ohren des Heeres auf einen bestimmten Punkt gerichtet werden können.[6]

Formt das Heer somit einen einzelnen vereinten Körper, ist es weder dem Tapferen möglich, alleine voranzustürmen, noch dem Feigen, sich alleine zurückzuziehen. Dies ist die Kunst, eine große Anzahl von Männern zu führen.[7]

Kämpft man also des nachts, so sollte man reichlich Gebrauch von Signalfeuern und von Trommeln machen, während man am Tage Flaggen und Banner be-

---

6. Es ist kaum zu schaffen, den ganzen Tag über (und – wenn es einem möglich ist – auch in der Nacht in Träumen) seine Ziele im Auge zu behalten. Ein kluger Mensch wird deshalb an strategischen Plätzen Zettel und Mahnungen aufhängen, neurolinguistische Anker verwenden und sich auch sonst jedes Tricks bedienen, um sich immer und immer wieder daran zu erinnern, worum es eigentlich geht. Eine Stoppuhr, die einmal die Stunde piept dient ihm als Banner, auf dem sein Motto steht.

7. Es gibt einen psychologischen Trick, den man „Beobachter" nennt. Hierfür installiert man mit Hilfe neurolinguistischer Technik ein beobachtendes (aber keinesfalls bewertendes) Männchen im Geiste, welches laut die Alarm-Trommel schlägt, wenn die Kräfte nachlassen. Es initialisiert den Metaprogrammierer, der regulierend eingreifen kann, um die geistige Truppe zum Sieg zu führen.

nutzt, um auf diese Weise Augen und Ohren der Armee zu lenken.

Eine ganzheitliche Armee kann ihres Geistes beraubt werden, der herausragende Führer hingegen seiner Geistesgegenwart.

Des Soldaten Geist ist am wachsamsten des Morgens; gegen Mittag wird er erschlaffen und am Abend hat er nur noch im Kopf, so schnell wie möglich zum Lager zurückzukehren.

Deshalb geht der kluge General einer Armee aus dem Wege, solange ihr Geist noch wachsam ist, attackiert sie jedoch, wenn sie erschlafft und den Wunsch zeigt, zum Lager zurückzukehren. Dies ist die Kunst, Stimmungen zu studieren[8]

---

8. Die Motivation von Angestellten wird untergraben, wenn wir diese beaufsichtigen oder ihnen Ratschläge in Situationen geben, in denen sie selbst noch erfolgreich und frisch arbeiten. Sie werden unfähig sein, Verantwortung zu übernehmen, da sie stets damit rechnen müssen, daß ihr Verhalten in Frage gestellt wird.

Disziplin und Ruhe zu bewahren, um den Augenblick von schlechter Organisation und Tumulten beim Feind abzuwarten, ist die Kunst der Selbstbeherrschung.[9]

Dem Ziel nahe zu sein, wenn der Feind noch weit von ihm entfernt ist, in Ruhe abzuwarten, während sich der Gegner plagt und abmüht, wohlgenährt zu bleiben, wenn der Gegner ausgehungert ist: Dies ist die Kunst guten Haushaltens mit den eigenen Kräften.

Davon abzusehen, einen Gegner abzufangen, dessen Banner sich noch in ausgezeichneter Ordnung befinden oder davon, eine Armee anzugreifen, die sich noch durch Ruhe und Selbstsicherheit auszeichnet, ist die Kunst, die Begleitumstände zu untersuchen und zu berücksichtigen.

Es ist eine militärische Grundregel, niemals einen Feind bergauf anzugreifen oder sich ihm entgegenzustellen, wenn er bergab stürmt.

---

9. Dieser Vers zeigt noch einmal deutlich die Notwendigkeit des geschulten Geistes. Dem Stimuli-Junkie ist Disziplin zuwider, er wird weder ein guter Chef sein, noch ein erfolgreicher Selbstveränderer. Wille wird nicht durch Wünschen erlangt, sondern durch Nichtwünschen und diszipliniertes Verhalten, ausgerichtet an den moralischen Zielen.

Verfolge nie einen Feind, der die Flucht nur vortäuscht und greife keine Soldaten an, die noch frischer Stimmung sind.

Schlucke keine Köder, die der Feind dir anbietet und lege dich nicht mit einer Armee an, die sich auf dem Heimweg befindet.

Wenn du eine Armee umzingelt hast, laß ihr einen Fluchtweg und motiviere niemanden zu Verzweiflungstaten.

So ist die Kunst der Kriegführung.

8. Veränderungen der Taktiken

Sun Tzu sagte: Der General bekommt im Krieg seine Anweisungen von seinem Lehnsherren, hält die Armee zusammen und konzentriert seine Kräfte.

In schwierigem Gelände soll man kein Lager aufschlagen. In Gelände, wo sich größere Straßen kreuzen, sollte man Kontakt mit Verbündeten aufnehmen. Verweile nie in gefährlich isolierten Positionen. In verfahrenen Situationen mußt du deine Strategien überdenken. In verzweifelter Lage mußt du kämpfen.[1]

Es gibt Straßen, denen man nicht folgen darf, Armeen, die man besser nicht angreift, Städte, die nicht belagert werden dürfen, Positionen, die man nicht erstreiten darf und Anweisungen des Lehnsherren, denen man nicht gehorchen sollte.

Der General, der die Vorteile, die mit Veränderungen der Taktik einhergehen, wirklich versteht, weiß, wie er seine Truppen führen muß.

Der General, der dies nicht versteht, mag gut mit den Bedingungen des Geländes vertraut sein, aber er wird sein Wissen nicht in die Praxis umsetzen können.

So wird derjenige, der den Krieg studiert und in der Kunst des Krieges und Umplanung noch unerfahren ist, wenn er auch noch so gut mit den Fünf Vorteilen

---

1. Wenn man sich geistig auf kleinen Erfolgen ausruht, werden die fauleren Module der Psyche einen überwältigen. Jede Pause muß rundum abgesichert sein, gestützt durch mehrere positive Perspektiven und Erfolge, die unbedingt wiederholbar sein müssen. Einmal ein neues Verhalten gezeigt ist keine Verhaltensänderung, und es ist gefährlich, dieses dafür zu halten. Fühlt man sich selbst von niedrigen Trieben umzingelt, muß man zu Listen wie Interdependenzunterbrechern oder Ausdrucksübungen greifen, um eine Bresche zu schlagen. Und wenn eine Menge von Emotionen bereits zu einer umfassenden Stimmung wurde, so müssen wir all unsere Kräfte mobilisieren und aus ihr ausbrechen. Unterlassen wir dies, wird die Stimmung regelmäßiger und häufiger und länger auftreten und zu einer unangreifbaren Feste inmitten eines Gefühlsozeans werden.

vertraut ist, darin fehlen, die beste Verwendung für seine Männer zu finden.[2]

Folglich werden in die Pläne des weisen Führers, Betrachtungen von Vor- und Nachteilen mit einfließen.

Sind unsere Erwartungen der Vorteile derart gemäßigt, werden wir erfolgreich die wichtigsten Teile unserer Pläne verwirklichen können.

Sind wir auf der anderen Seite dazu in der Lage, inmitten noch so großer Schwierigkeiten unseren Vorteil zu ergreifen, bewahren wir uns selbst vor großem Unglück.[3]

Schwäche die feindlichen Anführer, indem du ihnen Schaden zufügst; und mache ihnen Probleme, und

---

2. Deshalb haben alle klassischen Schulen für Streben den Anfänger zunächst in eine Position des reinen Schülers des Wissens gebracht und ihn nicht mit Techniken oder Problemen konfrontiert, die außerhalb seines Begreifens liegen.

3. Dies setzt einen klugen Kopf und einen klaren Geist voraus. Wer seine Gefühle nicht zu kontrollieren versteht, und zwar unabhängig von den jeweiligen Situationen, wird keine korrekten und effektiven Entscheidungen fällen können. Deshalb ist die Kunst des Krieges nicht gedacht für Leute, die ihre Emotionen für ihren wahren Charakter halten, denn diese werden nie fähig sein, Metaperspektiven zu generieren.

halte sie ständig beschäftigt. Lege trügerische Verlokkungen aus, und bringe sie dazu, zu einem Ort deiner Wahl zu eilen.[4]

Die Kunst des Krieges lehrt uns, uns nicht auf die Wahrscheinlichkeit zu verlassen, der Feind käme nicht, sondern auf unsere eigene Bereitschaft, ihn zu empfangen; nicht darauf, daß er uns nicht angreift, sondern darauf, daß wir unsere Stellung unangreifbar gemacht haben.[5]

Wir kennen fünf gefährliche Mißgriffe, die einen General in Mitleidenschaft ziehen können:

---

4. Die meisten destruktiven Emotionen sind durch einen Kerngedanken motiviert. Diesen nennen wir Anführer der störenden Kräfte. Indem wir dem Anführer seine Logik entziehen, ihm seine Unlogik beweisen und einen effektiveren Gedanken ihm entgegenstellen, bis dieser ihn ersetzt hat, untergraben wir den Erfolg der Emotion.

5. Unerfahrenen passiert es immer wieder, daß sie, scheint die geistige Sonne, das vorherige Dunkel vergessen und glauben, es sei tatsächlich vorbei. So motivieren sie zwar schlagartig Kräfte und Sorgen, wenn es um sie dunkel ist, vergessen aber, wenn die Sonne scheint, daß das Dunkel mit an Sicherheit grenzender Wahrscheinlichkeit wiederkehren wird. Wer so vorgeht, bewegt sich im dauernden Auf und Ab seiner Stimmungen, und letztlich werden die destruktiven überlegen sein, da sie – bedingt durch das Negativdenken der Umwelt – größeren Nährboden haben.

1) Rücksichtslosigkeit, denn diese führt zur Zerstörung.
2) Feigheit, welche zur Gefangennahme führt.
3) Ein erregtes Gemüt, das durch Beleidigung provoziert werden kann.[6]
4) Überzogenes Ehrgefühl, das in Schamhaftigkeit münden kann.
5) Übermäßige Besorgtheit um seine Mannen, was ihn dazu verführen kann, zu sehr mitzufühlen, traurig oder aufgeregt zu reagieren.

Dieser Art sind also die fünf schrecklichen Sünden eines Generals, die verderblich für das Führen des Krieges sind.

Wurde eine Armee überwältigt und der Anführer erschlagen, wird man den Grund hierfür ganz gewiß in einem der fünf gefährlichen Fehler finden. Lasse dies also zu einer Angelegenheit tiefer Meditation werden.

---

6. Ein Mensch, der Streitbereitschaft und Aggressionen zeigt, ist ein Mensch, der blind gegenüber Kontingenzen ist. Er kann nichts lernen und befestigt seinen armseligen Geist solange, bis dieser zu starr geworden ist für die Veränderungen des Universums, was dazu führt, daß er zerbricht.

9. Die Armee auf dem Vormarsch

Sun Tzu sagte: Wir kommen jetzt zu der Frage, mit der Armee das Lager aufzuschlagen und nach den Anzeichen des Feindes Ausschau zu halten. Berge sollten schnell passiert werden, und man halte sich stets in der Nähe von Tälern.

Lagere an erhöhten Stellen, die der Sonne gegenüber liegen. Aber erklimme keine Höhen, um zu kämpfen. Soviel zur Angelegenheit der Kriegführung in Bergen.[1]

Wenn man einen Fluß überquert hat, sollte man sich so schnell wie möglich von ihm entfernen.[2]

Wenn eine einfallende Armee einen Fluß auf ihrem Vormarsch überquert, sollte man nicht versuchen, ihr in der Mitte des Stromes zu begegnen. Es ist besser, die Hälfte der Armee herüber kommen zu lassen und erst dann den Angriff zu starten.

Bist du begierig zu kämpfen, solltest du dem Eindringling nicht in der Nähe eines Flusses entgegenkommen, den dieser noch überqueren muß.

Befestige dein Schiff oberhalb des Feindes und der Sonne gegenüber. Bewege dich nicht stromaufwärts dem Feinde entgegen. Soviel zu den Angelegenheiten der Kriegführung an Flüssen.

Beim Überqueren von Salzmooren sollte deine einzige Sorge sein, diese möglichst schnell und ohne Pausen zu überwinden.

Bist du gezwungen, in Salzmooren zu kämpfen, solltest du Gras und Wasser in der Nähe und eine Baum-

---

1. Psychologisch gesehen ist ein erhöhter Platz derjenige, von dem aus möglichst viele Beobachterperspektiven abgeleitet werden können. Wer sich innerhalb eines Problems befindet, wird es nicht begreifen und nicht adäquat handeln können. Nur wer einen Schritt zurück und nach oben machen kann, findet angemessene Lösungen (falls das Problem aus dieser Sicht heraus überhaupt noch besteht).

2. Hat man eine widrige Situation überstanden und gemeistert, sollte man zunächst noch ein wenig in Bewegung bleiben und sich von ihr entfernen.

gruppe im Rücken haben. Soviel über Operationen in Salzmooren.[3]

In trockenem, ebenem Gelände nimm eine leicht zugängliche Position ein, mit ansteigendem Gelände rechts und hinter dir, so daß die Gefahr vor und Sicherheit hinter dir liegt. Soviel denn zum Feldzug in flachem Gelände.

Dies sind die vier nützlichen Zweige militärischer Kenntnis, die dem Gelben Kaiser ermöglichten, vier einzelne Herrscher zu besiegen.

Jede Armee zieht hohe Stellungen den niedrigen und sonnige den dunklen Plätzen vor.[4]

---

3. Es gibt einen Zustand, eine Phase in der persönlichen Entwicklung, die in steten Abständen immer wieder auftritt. Diese Phase nennt man „mystische Trockenheit". Nichts scheint so recht Sinn zu machen, die Verspannungen lassen sich nicht weiter aufbauen, die Kenntnisse nicht so recht vergrößern. Man geht dann so vor, daß der Sinnfrage aus dem Weg gegangen wird und man fast stupide die bis dahin erfolgreichen Verhaltensweisen weiter durchführt. Dann wird ein Emergenzpunkt erreicht, von dem ab alles plötzlich um Längen klarer und einfacher ist. Ein undisziplinierter und fauler Geist wird die mystische Trockenheit nicht überstehen, sondern regelrecht geistig verhungern und verdursten und sich wieder den Spielereien der Faulen und Fleischtöpfen der Tumben zuwenden und versagen.

Wenn du dich um deine Männer sorgst, und auf trokkenem und festem Gelände lagerst, wird die Armee frei von Krankheiten jeder Art sein, was schon fast gleichbedeutend mit Sieg ist.

Erreichst du einen Berg oder eine Anhöhe, solltest du stets die sonnige Seite besetzen, mit dem Abhang rechts hinter dir. So wirst du gleichermaßen zum Wohl deiner Soldaten handeln, wie die natürlichen Vorteile des Geländes nutzen.

Ist ein Fluß, den du durchqueren willst, in Folge von starken Regenfällen im Landesinneren überflutet, angeschwollen und von Schaum befleckt, musst du warten, bis er wieder abgesunken ist.[5]

Gelände mit steil abfallenden Klüften, mit reißenden Strömen dazwischen, tiefen natürlichen Höhlen, en-

---

4. Ein Set positiv motivierender Gedanken, wohl formuliert und den Geist nach oben lenkend, helfen dabei, aus lichterer Höhe zu beobachten. Hilfreiche Techniken sind hier aus dem Neurolinguistischen Programmieren bekannt (Kontextreframing, Pacing und Leading, Ankern, Switching etc.).

5. Manchmal ist man durch sein eigenes Streben so aufgewühlt und verwirrt, daß es besser ist, ruhige Entspannungsübungen durchzuführen und sich eine kleine Pause zu gönnen, bis sich das Gemüt wieder abgekühlt hat.

gen Stellen, wirrem Dickicht, Morast und Spalten, sollten möglichst schnell durchquert oder noch besser gemieden werden.

Während wir solche Stellen meiden, sollten wir den Feind dazu bringen, sich ihnen zu nähern; während wir sie vor uns haben, sollte der Feind sie im Rücken haben.

Befindet sich in der Nähe deines Lagers bergiges Gelände, von Wasserpflanzen umringte Teiche, leere, schilfbewachsene Flußbecken oder Wälder mit dichtem Unterholz, solltest du sie sorgfältig abschreiten und untersuchen, denn an solchen Plätzen liegen möglicherweise Männer im Hinterhalt oder heimtükkische Spione auf der Lauer.

Ist der Feind in der Nähe und bleibt ruhig, so verläßt er sich auf die natürliche Stärke seiner Stellung.

Zeigt er sich überheblich und versucht, einen Kampf zu provozieren, ist er darauf bedacht, daß die andere Seite vorrückt.[6]

Scheint sein Lagerplatz leicht zugänglich, hat er dir einen Köder ausgelegt.[7]

Bewegung in der Bäumen eines Waldes zeigt, daß der Gegner vorrückt. Das Auftauchen von hastig errichteten Schutzbehausungen inmitten von dichtem Gras heißt, daß der Feind uns mißtrauisch machen will.

Aufsteigende Vögel sind ein Merkmal für einen Hinterhalt. Fliehendes Wild ein Indiz für einen bevorstehenden Angriff.

Sehen wir Staub in hohen Säulen aufsteigen, ist dies ein Zeichen für herannahende Streitwagen. Ist der Staub tiefer, dafür aber über eine breite Fläche verteilt, deutet dies auf einen Anmarsch der Infanterie hin. Verteilt er sich in verschiedene Richtungen, zeigt uns dies, daß Abteilungen ausgesandt wurden, um Feuerholz zu sammeln. Einige Staubwolken, die sich

---

6. Eine Angelegenheit, die man auch in normalen Situationen beobachten kann. Unser Gesprächspartner, der um seinen Status bedacht ist, „Ja-Aber" kommuniziert und andere üble Spielchen spielt, hat nur im Sinn, sein Scheffelchen ins Trockene zu bringen. An einem Austausch zu beiderseitigem Nutzen sind solche Menschen nicht interessiert, das Gespräch mit ihnen kann gleich vermieden werden.

7. Manche Emotionen verbergen sich hinter Scheinrationalisierungen. Sie tun so, als wären sie genau so nötig und richtig, sind es aber tatsächlich nicht. Einige psychologische Modelle (insbesondere überkommene Theorien aus der Psychoanalyse) forcieren dieses Problem – man sollte jeder Erklärung einer psychischen Schwäche stets sehr skeptisch gegenüberstehen.

hin- und herbewegen hingegen sind ein Zeichen dafür, daß die gegnerische Armee lagert.

Demütige Worte und zunehmende Vorbereitungen deuten darauf hin, daß der Feind dabei ist vorzurükken. Heftige Sprache und hektische Bewegungen wie im Falle eines Angriffs sind Zeichen, daß der Feind seinen Rückzug antritt.

Erscheinen die leichten Streitwagen und nehmen eine Position an den Flügeln ein, deutet dies darauf hin, daß der Feind einen Kampf vorbereitet.

Friedensangebote, die nicht von einem beschworenen Vertrag begleitet sind, weisen oft auf eine List hin.

Bewegt sich beim Feind viel und stellen sich die Soldaten in Reih und Glied auf, ist der kritische Augenblick gekommen.[8]

Wenn sich aber einige nach vorne begeben und andere hingegen zurückziehen, ist es ein Köder.

---

8. Die meisten sich anbahnenden Stimmungen erkennen wir daran, daß unterschiedliche schädliche Gedanken nacheinander oder miteinander vermengt auftreten. Der kritische Moment ist genau dann gekommen, wenn die Erstgedanken durch bestätigende Gedanken unterstützt werden („ja, das ist aber auch wirklich" und Ähnliches). Ein anfängliches Hintergrundrauschen brandet plötzlich auf und droht, uns zu überwältigen. Es ist mehr als nur einfach hilfreich, Tagebuch zu führen, um dem Moment der Überwältigung auf die Sprünge zu kommen, denn ist dieser erreicht, sind wir bereits in eine Schlacht verwickelt, die uns große Kräfte kostet. Es ist besser, sein Nahen zu bemerken und rechtzeitig noch umzuschwenken. Sich einer Stimmung zu stellen, wenn sie gerade ihre größte Macht erlangt hat, ist eine bei weitem anstrengendere Sache, denn sie hat fast alle unsere Gedanken unter Kontrolle – ein Phänomen, das man früher Besessenheit nannte.

Stehen die Soldaten auf ihre Speere gestützt da, deutet dies darauf hin, daß sie schwach vor Hunger sind.[9]

Und wenn diejenigen, die ausgesandt werden, um Wasser zu finden, als erstes trinken, ist die Armee von Durst geplagt.

Erkennt der Feind einen Vorteil, nutzt ihn aber nicht, bemerken wir daran, daß seine Leute erschöpft sind.[10]

Versammeln sich Vögel an einem Ort, ist er nicht besetzt. Lärm bei Nacht deutet auf Nervosität hin.

---

9. Ein destruktives Verhalten hungert man aus, indem man ihm keine Möglichkeiten bietet, sich zu zeigen. Dies erreicht man, indem man geistig stets in Bewegung bleibt und sich dazu motiviert, möglichst viel und beständig konstruktiv zu denken, neue Modelle durchspielt und sich mit neuen wissenschaftlichen Theorien beschäftigt. Die Verfasserin hat sich angewöhnt, beim leisesten Anzeichen eines negativen Gefühls im Kopf mathematische Aufgaben zu lösen, Gedichte zu rezitieren oder in einer Fremdsprache zu denken. Anfangs reagiert der Geist mit einer gewissen Leere, einer Erschöpfung, doch nach und nach wird dies zur Gewohnheit, und die Anzeichen für schädliche Gedanken werden immer lascher.

10. Bestimmte soziale Aktivitäten (Tratsch und Klatsch, sich Ärgern über Andere) motivieren bestimmte destruktive Emotionen und darauf folgende Gedanken. Geschieht dies mal nicht, haben wir unseren Geist vorher und insgesamt gut genug mit anderen Erwägungen eingedeckt, und wir sind insgesamt positiv ermattet, so daß die Emotion – buchstäblich – zu faul ist, sich vom Lager zu erheben.

Beobachten wir Unruhe im feindlichen Lager, ist die Autorität des gegnerischen Generals schwach. Werden Banner und Flaggen umherbewegt, ist ein Aufruhr im Gange. Sind die Offiziere wütend, bedeutet das, daß die Männer erschöpft sind.[11]

Wenn eine Armee ihre Pferde mit Korn füttert und ihr Vieh tötet, um zu essen, und die Männer ihre Kochtöpfe nicht mehr über die Lagerfeuer hängen, und so zeigen, daß sie nicht in ihre Zelte zurückkehren werden, mußt du wissen, daß sie bereit dazu sind, bis zum Tode zu kämpfen.

---

11. Wer ein Unternehmen leitet und sich zu freundlich, nachgiebig und unautoritär verhält, muß früher oder später damit rechnen, daß sich die Untergebenen Freiheiten herausnehmen. Diese Freiheiten sind durch Faulheit motiviert und zeigen keineswegs höhere Kenntnisse an. Deshalb wird der Chef einer Unternehmung stets seinen Geist in Klarheit halten, deutliche Anweisungen geben, seine Führer klug auswählen und ein rechtes Maß zwischen Freundlichkeit und Autorität zeigen. Gefühlsmäßige Ausbrüche von Führern sind immer ein Zeichen für mangelnde Zielklarheit und für kognitive Unfähigkeit.

Der Anblick von Männern, die flüsternd in kleinen Gruppen zusammen stehen oder in unterdrücktem Tonfall miteinander reden, weist auf Unzufriedenheit in den Reihen hin.[12]

Zu häufige Belohnungen zeigen an, daß der Feind am Ende seiner Möglichkeiten angelangt ist; zu viele Bestrafungen verraten einen Zustand fürchterlicher Not.

Mit Getöse zu beginnen, doch hinterher aufgrund der Anzahl der Feinde zurückzuschrecken, zeigt einen deutlichen Mangel an Verstand.

Werden Gesandte geschickt, die einen mit Komplimenten umschmeicheln, ist das ein Zeichen dafür, daß der Feind einen Waffenstillstand begehrt.

Wenn die Truppen des Feindes wütend aufmarschieren und uns lange Zeit gegenüber stehen, ohne zu kämpfen oder wieder abzuziehen, befinden wir uns in einer Situation, die große Wachsamkeit und Umsicht verlangt.

---

12. In Geschäften zeigt das an, daß die Angestellten über keine Zielkonvergenz verfügen. Man hat die falschen Mitarbeiter ausgewählt oder aber der Leitende zeigt deutliche Schwächen wie emotionale Ausbrüche, widersprüchliche Anweisungen und Faulheiten.

Ist die Anzahl unserer Truppen nicht größer als die des Gegners, genügt das trotzdem. Es bedeutet nur, daß ein direkter Angriff nicht möglich ist. Was wir tun können ist einfach all unsere Kräfte zu sammeln, den Gegner gut im Auge zu behalten und Verstärkung anzufordern.

Wer nicht vorausschauend denkt und den Gegner auch noch unterschätzt, wird bestimmt von ihm überwältigt.[13]

---

13. Jede momentane Situation ist das Ergebnis vorangegangener Handlungen und Erwägungen wie auch von Erwartungen in bezug auf die Zukunft. Vergangenheit ist ein aktuales Konstrukt, Zukunft ebenfalls. Vorausschauendes Denken ist stets eines, das auf das Erreichen höherer Freiheitsgrade hin ausgerichtet ist. Gewaltakte engen ein, Zögerlichkeiten führen in unüberschaubare Komplexitäten.

Werden die Soldaten bestraft, bevor sie Vertrauen zu dir gefasst haben, werden sie sich als ungehorsam erweisen und sind deshalb praktisch nutzlos. Haben die Soldaten Vertrauen zu dir gefasst, doch du setzt Bestrafungen nicht durch, sind sie immer noch nutzlos.[14]

Deshalb müssen die Soldaten in erster Linie human behandelt, aber auch mit eiserner Disziplin unter Kontrolle gehalten werden. Auf diese Weise ist die Straße zum Sieg geebnet.[15]

Werden während der Ausbildung von Soldaten Befehle regelmäßig durchgesetzt, wird die Armee gut diszipliniert sein; wenn nicht, wird die Disziplin schlecht sein.[16]

---

14. Erkenntnis zeigt sich in der Verbindlichkeit fürs Handeln. Ist das Handeln eines Menschen ineffektiv, deutet dies auf zu geringe Sachkenntnis hin. Wer Auszubildende oder uneinsichtige Kinder bestraft, überschätzt ihre Fähigkeiten. Dies ist eine gefährliche Sache, denn Bestrafungen führen nicht nur in Feigheiten, sondern Feigheiten führen in Konsequenz in Revolten (direkt oder auch indirekt durch Boykottieren der Projekte). Deshalb zeigt man Klugheit, wenn man die Erfolge der Mitarbeiter (und auch die eigenen) als Maßstab für die Verantwortung nimmt, die man ihnen aufbürden kann. Ein Faktum, der Demokratien leider nicht gerecht zu werden vermögen, was auf Sicht bestimmt zu entsprechenden Anpassungsmechanismen führen wird.

Zeigt ein Heerführer Vertrauen in seine Leute und achtet gleichzeitig darauf, daß alle Befehle befolgt werden, ist dies zu beiderseitigem Nutzen.

---

15. Bevor man seinem eigenen Willen zu folgen vermag, muß man überhaupt erst dazu in der Lage sein, diszipliniert zu agieren. Da Emotionen das Bewußtsein trüben und ein Anfänger im geistigen Streben von Emotionen tangiert wird, ist es stets besser und geschickter, die Emotionen zu berücksichtigen, sanft zu stroken, Ziele vorzugeben, die auch erreichbar sind. Nach und nach wird dann der Strebende lernen, automatische Wunschmuster von wirklich erstrebenswerten Zielen zu unterscheiden. Seine Übung in Disziplin wird es ihm dann möglich machen, letztlich eigenen Zielen zu folgen.

16. Dies gilt vor allem für einen selbst. Wer sich zielorientiert verändern will und erkennen kann, was die funktionalen Verhaltensweisen sind, muß unbedingt darauf achten, daß diese auch genau so durchgeführt werden. Jedes Abweichen von der Regel führt dazu, daß die niederen Triebe gestärkt werden. Rückschritte sind die unabdingbare Folge. Wer einmal von seiner Disziplin abweicht, geht das Risiko ein, eine Regel geschaffen zu haben.

10. Geländekunde

Sun Tzu sagte: Wir können sechs Arten von Gelände unterscheiden:

1) Zugängliches Gelände,
2) verstrickendes Gelände,
3) gleichmäßiges Gelände,
4) schmale Pässe,
5) steil aufragende Höhen,
6) Stellungen in großer Entfernung zum Feind.

Wir nennen das Gelände zugänglich, das von beiden Seiten aus frei durchquert und betreten werden kann.[1]

In Bezug auf solches Gelände: Besetze die erhöhten und sonnigen Stellen vor dem Feind, und bewache sorgfältig deine Nachschublinie. Dann wirst du mit einem Vorteil kämpfen können.

Gelände, das man einfach verlassen, schwer aber wieder erobern kann, nennen wir verstrickendes Gelände.[2]

Aus einer solchen Position heraus kannst du, wenn der Feind noch unvorbereitet ist, schnell hervorpreschen und ihn schlagen. Wenn aber der Feind auf dein Kommen vorbereitet ist, und du darin fehlst, ihn zu

---

1. Es gibt einen Zustand der Ausgeglichenheit des Gemüts, der in diese oder in die andere Richtung hin umschlagen kann. So zum Beispiel kommt es vor, daß wir nach einer Meditation relativ ruhig sind, aber noch leicht angreifbar für destruktive Emotionen. Ein einziges Gespräch mit einer anderen Person, welches Anpassung an dessen Emotionen erfordert, kann unsere Ruhe in Unruhe umschlagen lassen, und der Erfolg ist dahin. Es ist besser, sich dann Momente der Ruhe zu gönnen, nachzudenken und die Erfahrungen der Meditation sacken zu lassen, als sich gleich in die nächste Aktivität zu stürzen.

2. Dies kennen wir vor allem dann, wenn eine Verhaltensänderung noch ganz frisch und neu ist, noch nicht etabliert und deshalb schwer noch einmal zu erringen. Diese sollte schriftlich zu Papier gebracht, durchanalysiert und gefestigt werden, bevor wir uns mit anderen Angelegenheiten beschäftigen. Die sich selbst organisierende Psyche wiederholt Etabliertes (Redundanz) – Variationen sind mit Risiken verbunden, das Altbewährte wirkt sicherer – selbst dann, wenn es sich bereits als disfunktional herausgestellt hat.

besiegen, dann ist eine Rückkehr unmöglich, und die Katastrophe wird folgen.

Gleichmäßiges Gelände nennen wir das, bei dem keine Seite, die den ersten Schritt macht, gewinnen kann.[3]

In so einem Gelände, sollten wir nicht vordringen, so attraktiv der Köder auch sein mag, den uns der Gegner anbietet. Es ist eher ratsam, sich zurückzuziehen, um auf diese Weise den Gegner dazu zu verlocken vorzudringen, und dann, wenn ein Teil seiner Armee herausgekommen ist, führen wir unseren Angriff aus einer vorteilhaften Position heraus.

Im Hinblick auf schmale Pässe ist es ratsam, diese als erster zu belagern und sie dann stark zu besetzen und das Kommen des Feindes abzuwarten.[4]

---

3. Dies gilt für jeden Streit. Streit fördert Emotionen und geistige Verbohrtheit. So sehr man uns auch dazu herausfordern mag, was immer man uns auch als scheinbaren Lohn anbietet – der erfahrene Strebende wird Streit vermeiden, nicht aus Feigheit, sondern aus Überlegenheit.

4. Im Wandel des Lebens gibt es stets neue Umstände (psychisch und auch umweltbezogen). Es ist klug, auftretende Veränderungen positiv zu konnotieren und es so den althergebrachten Unzulänglichkeiten unmöglich zu machen, sich in ihnen zu verbreiten.

Kommt dir der Feind darin zuvor, einen Pass zu belagern, verfolge ihn nicht, wenn er vollständig besetzt ist, sondern nur, wenn er schwach besetzt ist.

Was steil aufragende Höhen betrifft: Wenn du deinem Gegner voraus bist, besetze die erhöhten und sonnigen Stellungen und warte dort darauf, daß der Feind herauf kommt.[5]

Wenn aber der Feind diese vor dir besetzt hat, dann folge ihm nicht, sondern ziehe dich zurück und versuche, ihn fortzulocken.

Befindest du dich in einer vom Feind weit entfernten Stellung, und die Stärke eurer Armeen ist gleich, ist es nicht einfach, einen Kampf zu provozieren, und ein Kampf wäre zu deinem Nachteil.[6]

Diese sechs sind die Prinzipien, die mit der Erde zusammenhängen. Der General, der einen verantwortungsvollen Posten inne hat, muß diese äußerst umsichtig studieren.

---

5. Metaperspektive!

6. Kennt man bestimmte Schwächen, befindet sich aber in einer Situation, in der diese (noch) nicht auftreten, ist es klug, sich einen Schlachtplan aufzustellen und diesen zum Einsatz zu bringen, sobald die Stimmung droht vorzurücken.

Es kommt vor, daß eine Armee sechs verschiedenen Katastrophen ausgesetzt ist, die ihren Grund nicht in natürlichen Bedingungen haben, sondern im Versagen des Generals. Diese sind:

1) Flucht,
2) Insubordination,
3) Zusammenbruch,
4) Untergang,
5) Desorganisation und
6) Niederlage.[7]

Auch wenn alle anderen Bedingungen gleich sind; wenn eine Streitmacht zehnmal größer als eine andere ist, so wird das Ergebnis in der Flucht der letzteren bestehen.

Sind die gemeinen Soldaten zu stark und ihre Offiziere zu schwach, ist das Ergebnis Insubordination. Sind die Offiziere aber zu stark und die Soldaten zu schwach, ist das Ergebnis Zusammenbruch.

Wenn die höheren Offiziere wütend und aufrührerisch sind, und aus Zorn nach eigenem Ermessen kämpfen, sobald sie auf den Feind treffen, bevor der Befehlsha-

7. Diese Punkte sind psychologisch gesehen hinreichend deutlich. Doch auch im Berufsleben sind sie von maßgeblicher Wichtigkeit.

ber sagen kann, ob er in der Position ist, um zu kämpfen, ist das Ergebnis Untergang.

Wenn der General schwach ist und über keine Autorität verfügt; wenn seine Anweisungen nicht klar und deutlich sind; wenn weder Offiziere noch die Mannen über klar definierte Pflichten verfügen; wenn die Reihen durcheinander und ohne Überlegung aufgestellt werden, dann ist die Folge hiervon fürchterliche Desorganisation.

Wenn ein General, unfähig des Feindes Stärke zu bestimmen, es erlaubt, daß eine unterlegene Streitmacht eine überlegenere angreift, oder eine schwache Einheit gegen eine starke schickt, und außerdem vergißt, ausgewählte Soldaten in die erste Reihe zu stellen, wird das Ergebnis Verheerung sein.

Dies sind die sechs Wege, Niederlagen heraufzubeschwören, die sehr sorgfältig von dem General, der einen verantwortungsvollen Posten erreicht hat, beachtet werden müssen.

Die natürliche Geländeformation gilt als der beste Verbündete des Soldaten. Aber die Fähigkeit zu besitzen, den Feind richtig einzuschätzen, die siegführenden Kräfte zu kontrollieren und Schwierigkeiten, Gefahren und Entfernungen klug einzuschätzen, dieser

Art sind die Prüfungen, die der große General bestehen muß.[8]

Wer sich dieser Angelegenheiten bewußt ist und im Kampf sein Wissen in die Praxis umzusetzen vermag, wird seine Schlachten gewinnen. Der aber, der sie nicht kennt und sie auch nicht in die Praxis umsetzen kann, wird bestimmt unterliegen.

Wenn das Kämpfen sicher in einen Sieg mündet, dann mußt du kämpfen, auch wenn der Lehnsherr es verbietet. Wird das Kämpfen aber nicht mit einem Sieg enden, dann darfst du auch auf Befehl des Lehnsherrn nicht kämpfen.

Der General, der vorrückt, ohne Ruhm zu begehren und sich zurückzieht, ohne Schande zu fürchten, dessen einziger Gedanke darin besteht, sein Land zu schützen und seinem Lehnsherrn gut zu dienen, ist das Juwel des Reiches.[9]

---

8. Dies zeigt wieder einmal, wie wichtig es ist, stets einen klaren Verstand zu bewahren und die Umstände größtmöglicher Prüfung zu unterziehen, ohne dabei in Verhaltenszögerlichkeiten zu verfallen. Ein schwacher oder fauler Geist wird diesen Anweisungen nicht Folge leisten (wollen oder können).

Betrachte deine Soldaten als deine Kinder, und sie werden dir in die tiefsten Täler folgen. Blicke auf sie, wie auf deine eigenen geliebten Söhne, und sie werden dir bis in den Tod folgen.[10]

Wenn du nachsichtig bist, dabei aber unfähig, deine Autorität zu zeigen; freundlichen Herzens, doch dabei unfähig, deine Befehle durchzusetzen; und überdies

---

9. Bei geschäftlichen Unternehmungen oder Gruppenarbeiten kann es vorkommen, daß ein überlegter Mensch Zusammenhänge erkennt, die dem Chef nicht bewußt sind. Selbstvertrauen ist kein Ergebnis plumpen Wohlfühlens, sondern eines der Erfahrung, und ein kluger Mensch wird die richtigen Schritte dann einleiten, wenn ihm ihre Zielführung aufgegangen ist – unabhängig davon, ob er dafür Lohn und Anerkennung erhält. Diese Personen sollten höhere Posten einnehmen. Sie verstehen es, im rechten Moment „Ja", wie auch „Nein" zu sagen. Sie sagen nicht „Ja" aus Opportunismus und nicht „Nein" aus Faulheit oder dem Wunsch nach einem Statusgerangel.

10. Eine wichtige Sache auch in bezug auf einen selbst. Fehler sind stets nur Hinweise auf notwendige Verhaltensänderungen und sie zu kritisieren ohne Rücksicht auf Verluste zeigt nicht auf weises Verhalten. Deshalb betrachtet man sich selbst und die persönlich typischen und wichtigen Verhaltensweisen mit Liebe und Zuneigung und Verständnis, denn so gewinnt man Kraft dafür, sich komplexitätsangepaßt zu verändern. Rhetorik ad rem macht Sinn, nicht aber ad personam. Sachkritik ist förderlich, persönlich erdrückende Kritik führt in Untätigkeit. Gute Autorität ist ein Ergebnis von Erfahrung, nicht von Status.

nicht dazu in der Lage bist, aufkommende Unruhen zu unterdrücken: Dann werden deine Soldaten schlecht erzogenen Kindern gleichen, die sich als praktisch nutzlos erweisen.

Wissen wir, daß sich unsere Mannen in einem guten Zustand der Kampfbereitschaft befinden, übersehen dabei aber, daß der Feind nicht angegriffen werden kann, haben wir nur die halbe Strecke auf dem Weg zum Sieg zurückgelegt.

Wissen wir, daß der Feind angegriffen werden kann, übersehen aber, daß unsere Männer sich nicht in der Befassung befinden zu kämpfen, haben wir nur die halbe Strecke auf dem Weg zum Sieg zurückgelegt.[11]

Wissen wir, daß der Feind angegriffen werden kann und unsere Männer kampfbereit sind, realisieren aber nicht, daß das Gelände nicht zum Kampf geeignet ist, haben wir immer noch nur die halbe Strecke auf dem Weg zum Sieg zurückgelegt.[12]

---

11. Körperliche Krankheiten sowie Zustände geistiger Ermattung sind nicht gerade dazu geeignet, radikale Verhaltensänderungen einzuleiten.

Deshalb läßt sich der erfahrene Soldat, einmal in Bewegung, nicht mehr verwirren. Hat er sein Lager erst einmal abgebrochen, verläuft er sich nicht.

Daher das Sprichwort: Kennst du den Feind, und kennst du dich selbst, steht der Sieg für dich außer Frage. Kennst du die Bedingungen von Himmel und Erde, wird dies deinen Sieg vollständig machen.

---

12. Eine Angelegenheit der Umstände. Wir mögen uns kräftig fühlen und stark und motiviert, verfügen aber nicht über die Zeit, tatsächlich einen Kampf gegen das Tier in uns zu führen, so stärken wir uns besser dadurch, daß wir die momentane Arbeit perfekt und zu unserer Zufriedenheit ausführen. Man kann Gott auch erlangen, wenn man ein Spiegelei brät – man muß es nur perfekt braten.

11. Die neun unterschiedlichen Situationen

Sun Tzu sagte: Die Kunst des Krieges kennt neun unterschiedliche Arten von Gelände:

1) Verstreuendes Gelände,
2) leichtes Gelände,
3) umstrittenes Gelände,
4) offenes Gelände,
5) Gelände mit sich kreuzenden Straßen,
6) gefahrvolles Gelände,
7) schwieriges Gelände,
8) hemmendes Gelände und
9) hoffnungsloses Gelände.[1]

Kämpft ein Heerführer auf seinem eigenen Territorium, ist es verstreuendes Gelände.

Dringt er in feindliches Gebiet ein, aber keine sehr große Strecke, so nennen wir es leichtes Gelände.

Gelände, dessen Besitz beiden Seiten Vorteile einbringt, ist umstrittenes Gelände.

Gelände, auf dem beide Seiten Bewegungsfreiheit haben, nennen wir offenes Gelände.

Gelände, das den Schlüssel zu drei aneinandergrenzenden Reichen bildet, so daß derjenige, der es zuerst besetzt über den größten Teil des Reiches befehligt, ist das Gelände kreuzender Straßen.

Dringt eine Armee in das Herz eines feindlichen Reiches ein und hat dabei eine Anzahl gut befestigter Städte in ihrem Rücken, so nennen wir dieses Gelände gefahrvoll.

Gebirgswälder, zerklüftete Steilhänge, Moore und Sümpfe – alles Gelände, das schwer zu durchqueren ist – heißt schwieriges Gelände.

---

1. Nach allen bisherigen Erläuterungen sollte dies hinlänglich klar sein. Unter Gelände verstehen wir die Lebenssituationen, den Raum, in dem wir uns aufhalten, die allgemeinen Probleme, mit denen wir konfrontiert sind. Die Ruhe, über die wir verfügen oder nicht, die körperliche und die geistige Konstitution.

Gelände, das wir nur erreichen können, wenn wir durch enge Schluchten marschieren und von dem wir uns nur auf mühseligen Pfaden wieder entfernen können, so daß bereits eine kleine Anzahl von Mannen des Feindes ausreicht, um eine große Anzahl unserer eigenen Männer zu erledigen, nennen wir hemmendes Gelände.

Gelände, das wir nur dann sichern können, wenn wir ohne Zögern kämpfen, heißt hoffnungsloses Gelände.

Auf verstreuendem Gelände soll man deshalb nicht kämpfen. Auf leichtem Gelände soll man nicht Halt machen. Auf umstrittenem Gelände greife nicht an.

Auf offenem Gelände versuche nicht, des Feindes Weg zu versperren. Auf Gelände sich kreuzender Straßen, verbünde dich mit deinen Alliierten.

In gefahrvollem Gelände bereichere dich durch Plünderungen. Bleibe in stetigem Marsch, wenn du schwieriges Gelände durchquerst.

Auf hemmendem Gelände bediene dich deiner Strategien und Listen. Auf hoffnungslosem Gelände kämpfe.

Diejenigen, die seit alters her weise Führer genannt werden, wußten, wie man einen Keil zwischen des Feindes Front und Nachhut treiben konnte; wie sie die

Kooperation zwischen seinen großen und kleinen Divisionen verhindern konnten; wie sie die guten Truppen davon abhalten konnten, die schlechten Truppen zu retten und die Offiziere davon, ihre Männer zu sammeln.

Waren die Mannschaften des Feindes geeint, schafften sie es, sie in Unordnung zu versetzen.

War es zu ihrem Vorteil, bewegten sie sich vorwärts, wenn nicht, standen sie still.

Wenn du mich fragst, wie du mit einem großen Heer des Feindes umgehen sollst, das ordentlich aufgestellt ist und sich dabei befindet, zum Angriff zu schreiten, würde ich dir sagen: „Fang damit an, deinem Gegenspieler etwas zu nehmen, was er für sehr wichtig befindet, denn dann wird er deinem Willen gehorchen."[2]

---

2. Sehr wichtig! Eine ziellose Emotion kann sich nicht mehr ausdrücken. Wird ihr Lohn an anderer Stelle eingesetzt, erübrigt sie sich.

Geschwindigkeit ist die Essenz des Krieges: Nutze die mangelnde Bereitschaft des Feindes zu deinem Vorteil. Nimm deinen Weg auf unerwarteten Routen und greife ungeschützte Plätze an.[3]

Die folgenden Prinzipien müssen von einer eindringenden Macht beachtet werden: Je weiter du in ein Reich eindringst, desto größer ist der Zusammenhalt deiner Truppen, und so werden sich die Verteidiger nicht gegen dich zur Wehr setzen können.

---

3. Wir hatten dies schon, doch wollen wir es nochmals ausführen. Wer seine Schwächen nicht sehen möchte nur deshalb, weil es ihm gerade gut geht, vertut einen großen Vorteil. Psyche agiert zyklisch. Jede Stimmung tendiert dazu, nach gewissen Regeln wieder und wieder aufzutauchen. Ihr Abklang ist kein Zeichen dafür, daß sie nicht wiederkehrt. Wer deshalb in Momenten der Stärke nicht daran arbeitet, das Auftauchen der Stimmung für die Zukunft zu unterbinden oder wenigstens weniger wahrscheinlich oder weniger kräftig zu machen, nutzt seine Stärken nicht, sondern verwendet diese Augenblicke wie Pausen. Das führt in dauernde Gefechte und ermüdet. Tatsächlich sind die besten Zeiten des Kampfes die, in denen wir uns am stärksten fühlen. In ihnen finden wir die Position, uns mächtig und gewaltsam selbst zu attackieren. Leugnen von möglichen auftretenden Stimmungen präjudiziert ihr Wiederauftreten. Solange ein Mensch noch zu Launen tendiert und von Stimmungen abhängig ist, solange ist auch das Auftreten schwächerer Augenblicke eines eben dieser Launenhaftigkeit und nicht selbstbestimmt. So betrachtet sind auch die Stärken eigentlich Schwächen, da ungenutzt.

Mache Streifzüge durch fruchtbares Gelände, um deine Armee mit Nahrung zu versorgen.[4]

Beachte sorgfältig das Wohlbefinden deiner Männer und überschätze sie nicht. Sammle deine Tatkraft und horte deine Stärke. Halte deine Armee in ständiger Bewegung und entwickle unergründliche Pläne.

---

4. Damit der Geist stark bleibt, braucht er geistiges Futter. Ohne zusätzliche Unterstützung durch anspruchsvolle Themen und Beschäftigungen, bleibt die Psyche auf ihrem status quo ihrer Kenntnisse, Fähigkeiten und Fertigkeiten. Die Siege bleiben limitiert durch die Bedingungen von einem selbst. Deshalb muß man seine geistigen Module mit ansprechenden Theorien unterstützen. Dies ist der Unterschied zwischen Verstehen und Begreifen. Ein Modul wird umso stärker, aus je mehr Perspektiven heraus es beschrieben werden kann.

Bringe deine Soldaten in Stellungen, aus denen es kein Entkommen gibt, und sie werden den Tod der Flucht vorziehen. Im Angesicht des Todes wird es nichts geben, was ihnen unmöglich ist. Offiziere wie Männer werden höchste Anstrengungen unternehmen.[5]

Soldaten, die sich in aussichtslosen Situationen befinden, verlieren jeden Sinn für Furcht. Wenn es keinen Raum für Rückzug gibt, werden sie standhalten. Mitten im feindlichen Reich bilden sie eine hartnäkkige Front. Und wenn sie keine Hilfe erwarten, werden sie hart kämpfen.

Auf diese Weise werden die Soldaten, ohne daß man es ihnen sagen muß, stets wachsam bleiben und sich so verhalten, wie du es willst. Ohne Einschränkung, werden sie treu sein; ohne Befehle zu erteilen, kann ihnen vertraut werden.

---

5. Aus psychischer Perspektive ist Tod genau dann, wenn Stagnation ist. Wenn wir uns selbst klarmachen, daß jedes Stagnieren, sei es doch noch so scheinbar harmlos, den Untergang bedeuten kann, werden wir geistige Kräfte mobilisieren, die jenseits unserer momentanen Vorstellungskraft liegen. Dies ist nicht die Furcht vor dem Tod, sondern die Erkenntnis, daß Tod Auflösung des Geistes bedeutet – solange wir frisch und neu zu denken vermögen und dies bewußt tun können, sind wir lebendig.

Verbiete, daß Omen beachtet werden und zerschlage abergläubische Zweifel. So muß kein Unheil befürchtet werden, bis daß der Tod selbst naht.

Wenn deine Soldaten nicht vor Geld strotzen, liegt das nicht daran, daß sie keinen Sinn in Reichtum sehen. Ist ihr Leben nicht allzu lang, hat das seinen Grund nicht darin, daß sie es nicht vorziehen würden, lang zu leben.[6]

An dem Tag, an dem sie dazu aufgefordert werden, in die Schlacht zu ziehen, kann es vorkommen, daß deine Soldaten weinen. Einige mögen vielleicht aufrecht sitzen und ihre Kleider benetzen, andere liegen auf dem Boden, und die Tränen kullern über ihre Wangen. Doch wenn sie in die Enge getrieben werden, zeigen sie den Mut eines Zhu oder Gui.

Der geschickte Taktiker mag mit der *shuairan* verglichen werden. Die *shuairan* ist eine Schlange, die in den Chang-Bergen gefunden wird. Schlage auf ihren Kopf, und sie wird dich mit dem Schwanz angreifen. Schlage auf ihren Schwanz, und du wirst von ihrem

---

6. Je länger man an sich selbst arbeitet, desto klarer wird einem, wie unwichtig Dinge sind, die der normale Mensch für wichtig erachtet. Man mag es vielleicht wünschenswerter finden, Geld zu haben, doch man wird seine Prinzipien nicht für Geld opfern.

Kopf attackiert. Schlage auf ihre Mitte, und sie wird dich mit Kopf und mit Schwanz angreifen.

Wenn du fragst, ob eine Armee es schaffen kann, die *shuairan* zu imitieren, so antworte ich mit „Ja". Denn die Männer von Wu und die Männer von Yue sind solange Feinde, bis sie gemeinsam einen Fluß im gleichen Boot überqueren müssen und von einem Sturm überrascht werden. Dann werden sie dazu übergehen, einander zu helfen so, wie die linke Hand der rechten hilft.[7]

Folglich ist es nicht genug, sein Vertrauen in das Festbinden der Pferde zu setzen und die Räder der Kriegswagen in den Boden einzugraben.

Das Prinzip eine Armee zu leiten besteht darin, ein Mindestmaß für Mut zu setzen, das alle erreichen müssen.[8]

---

7. Durch geschicktes Modularisieren der Psyche kann es uns gelingen, scheinbare Schwächen in Stärken zu verwandeln, indem wir sie in einen Kontext des Überlebens setzen, der uns bis dahin noch nicht bewußt war. Dann lösen wir sie aus den gewohnten Situationen und setzen sie – unterstützt durch andere Module – dort ein, wo sie nützlich sind. Eine Zigarette zu rauchen kann tiefes Atmen, Klarheit des Denkens und Entspannung fördern – als Automatismus und in Mengen aber ist sie schädlich.

Wie man das Beste aus beidem, den Stärken und den Schwächen macht – dies ist eine Frage, die die rechte Nutzung des Geländes mit einschließt.

Demzufolge wird der geschickte Heerführer seine Armee lenken, als führe er einen einzelnen Mann an der Hand.

Die Aufgabe des Generals besteht darin, schweigsam zu sein und auf diese Weise für Geheimhaltung zu sorgen, aufrecht und gerecht, um die Ordnung zu erhalten.[9]

---

8. In Gruppenarbeiten sollte man sich stets dessen bewußt sein, daß die Gruppe nur so erfolgreich sein kann, wie ihr schwächstes Mitglied. Dieses entscheidet mehr als der kompetenteste Arbeiter über den Erfolg der Arbeit. Deshalb setzt man die Leistung des Schwächsten als Maß für den Erfolg.

9. Es ist keineswegs immer von Vorteil, eine Arbeitsgruppe zu führen, indem man sie über die Ziele in Kenntnis setzt. Eine gut organisierte Gruppe hat die Besten als Führer, die folgenden Mitarbeiter verfügen nicht über die geistige Komplexität, um die Zusammenhänge zu begreifen. Setzt man sie hierüber in Kenntnis, geht man das Risiko ein, das Statusspielchen gespielt werden, die das ganze Unternehmen in Gefahr bringen. Der geheime Lehrplan des Ausbilders ist keine Angelegenheit eines mystischen Mäntelchens, sondern notwendig, um den Erfolg der Schüler zu gewährleisten.

Er sollte dazu in der Lage sein, seine Offiziere und Männer durch falsche Berichte und Angaben zu verwirren, um sie im Dunkel über sein Vorhaben zu halten.

Dadurch, daß er seine Vorhaben und seine Pläne verändert, verhindert er, daß der Feind über konkretes Wissen verfügt. Indem er das Lager verlegt und Umwege nimmt, verhindert er, daß der Feind seine Absichten durchschaut.

Im kritischen Augenblick verhält sich der Anführer einer Armee so, als hätte er eine Höhe erklommen und dann die Leiter von sich gestoßen. Er führt seine Männer tief in feindliches Gebiet, bevor er seine Absichten zu erkennen gibt.

Er verbrennt seine Boote und zerbricht sein Kochgeschirr. So, wie ein Schäfer seine Schafherde treibt, führt er seine Männer mal diesen Weg und mal jenen, und keiner weiß, wohin es gehen soll.

Sein Heer zu sammeln und es dann in Gefahr zu bringen: Dies ist es, was man die Aufgabe des Generals nennen kann.

Die verschiedenen, zu den neun Arten des Geländes passenden Mittel; die Ausübung aggressiver oder defensiver Taktiken; und die grundlegenden Gesetze menschlicher Natur: Dies sind die Dinge, die äußerst gründlich studiert werden müssen.

Beim Einfallen in feindliches Gelände gilt das allgemeine Prinzip, daß tiefes Eindringen den Zusammenhalt fördert, ein kurzes hingegen Auflösung bedeutet.[10]

Wenn du dein eigenes Reich verläßt und deine Armee durch Nachbargebiet führst, befindest du dich auf kritischem Gelände. Gibt es Verbindungswege in alle vier Richtungen, haben wir es mit einem Gelände sich kreuzender Straßen zu tun.

Dringst du tief in ein Reich ein, heißt es gefahrvolles Gelände. Dringst du aber nur ein klein wenig ein, nennen wir es leichtes Gelände.

Hast du des Feindes Befestigungen im Rücken und enge Pässe vor dir, so ist es hemmendes Gelände.

---

10. Eine alte Regel, die für all diejenigen gilt, die sozial-geistig auszusteigen wünschen. Wer nicht alle Sicherheiten über Bord zu werfen vermag, hält sich Rettungsanker für den Fall des Versagens. Dies wird die Kräfte schwächen, denn man weiß, daß man im Notfall zurück kann. Nur wenn man dies durch völliges Aufgeben und Loslösen verhindert, kann man Kräfte mobilisieren, die über das gewohnte Maß hinausgehen.

Gibt es überhaupt keine Zufluchtsstätte, ist es hoffnungsloses Gelände.

Deshalb würde ich auf versprengendem Gelände darauf achten, meine Männer mit dem Geist der Einheit zu inspirieren. Auf leichtem Gelände würde ich zusehen, daß es eine gute Verbindung zwischen allen Teilen meiner Armee gibt.

Auf umstrittenen Gelände würde ich meine Nachhut zur Eile anleiten.

Auf offenem Gelände würde ich ein besonderes Augenmerk auf meine Verteidigung legen. Auf Gelände sich kreuzender Straßen würde ich mich der Treue meiner Verbündeten versichern.

Auf gefahrvollem Gelände würde ich versuchen, einen ständigen Nachschubstrom zu sichern. Auf schwierigem Gelände würde ich mich stets in Bewegung halten.

Auf hemmendem Gelände würde ich mich bemühen, jede Rückzugsmöglichkeit zu verhindern. Auf hoffnungslosem Gelände würde ich meinen Soldaten verkünden, daß sie keine Hoffnung haben, ihre Leben zu retten.

Denn es ist typisch für einen Soldaten, daß er Widerstand bis zum Letzten leistet, wenn er umzingelt ist; hart zu kämpfen, wenn er sich nicht mehr zu helfen weiß; und prompt zu gehorchen, wenn er in Gefahr geraten ist.

Wir können uns nicht mit benachbarten Fürsten verbünden, wenn wir nicht mit ihren Plänen vertraut sind. Wir sind nicht dazu in der Lage, eine Armee auf den Marsch zu bringen, wenn wir uns nicht mit dem Gelände vertraut gemacht haben – seinen Bergen und Wäldern, seinen Talsenken und Klippen, seinen Mooren und Sümpfen. Wir werden unfähig sein, die naturgegebenen Vorteile zu nützen, wenn wir uns nicht eines einheimischen Führers bedienen.

Es steht einem kriegführenden Fürsten nicht zu, die folgenden vier oder fünf Grundsätze nicht zu beachten.

Wenn ein kriegführender Fürst einen mächtigen Staat angreift, dann zeigt sich seine Erfahrenheit darin, daß er es zu verhindern vermag, daß die feindlichen Kräfte sich sammeln. Er verängstigt seine Gegner, und ihre Alliierten werden daran gehindert, sich gegen ihn zu verbünden.[11]

Auch wird er sich nicht mit allem und jedem verbünden, noch wird er offen die Macht anderer Staaten herausfordern. Er führt seine eigenen geheimen Pläne durch und hält seine Gegenspieler in Furcht. Auf diese Weise ist er dazu in der Lage, ihre Städte einzunehmen und ihre Reiche zu unterwerfen.

Verteile Belohnungen ohne Rücksicht auf irgendwelche Regeln. Erteile Befehle ohne Rücksicht auf vorhe-

---

11. Je stärker wir unseren Willen trainiert haben, die Dinge anzugehen, desto eher und schneller werden die destruktiven Verhaltensweisen vor uns flüchten. Das stete Training in Disziplin, geordnetem Geist und Unterordnung von Wünschen dem obersten Prinzip geistigen Strebens führt dazu, daß viele Emotionen sich geradezu nicht mehr trauen, überhaupt aufzutauchen, da sie dann mit aller Härte attackiert werden. Erfahrungsgemäß läßt sich dies im Laufe der Zeit auch auf komplexere Verhaltensänderungen übertragen. Wer bereits weiß, mit welcher Macht er Änderungen durchzuführen fähig ist, der wird psychisch kaum noch mit Widerstand konfrontiert, wenn ein neues Terrain erobert werden soll.

rige Pläne. So wirst du fähig sein mit einer ganzen Armee umzugehen, als hättest du es nur mit einem einzelnen Mann zu tun.

Konfrontiere deine Soldaten mit der Tat selbst, laß sie niemals deine Pläne kennen. Sind die Aussichten gut, führe sie ihnen vor Augen, aber sage ihnen nichts davon, wenn die Situation aussichtslos ist.

Bringe deine Armee in tödliche Gefahren, und sie wird überleben. Stürze sie in verzweifelte Not, und sie wird sie sicher überwinden.

In dem Moment nämlich, wo eine Macht dem Untergang geweiht zu sein scheint, ist sie dazu in der Lage, mit einem Schlag den Sieg zu erlangen.

Erfolg in der Kriegführung ist dann gegeben, wenn wir uns vorsichtig den Absichten unseres Feindes anpassen.[12]

Halten wir uns nur lange genug an der Flanke des Feindes, wird es uns auf lange Sicht gelingen, den gegnerischen Oberbefehlshaber umzubringen.

Das nennt man die Fähigkeit, eine Sache durch bloße List zu erreichen.

An dem Tag, an dem du dein Kommando übernimmst, blockiere die Grenzpässe, zerstöre die offiziellen Grenzwachen und stoppe die Durchreise aller Gesandten.[13]

---

12. Jedes automatische Verhalten intendiert irgendetwas. Soziale Spiele intendieren einen üblen Nutzen, Zeitstrukturierungen meist ebenfalls. Wissen wir um die Nutzen, können wir die scheinbar kleinen Belohnungen, die mit ihnen verknüpft sind, für unsere eigenen Zwecke einsetzen und so dem automatischen Verhalten das Wasser abgraben. Komplizierte soziale Manöver beispielsweise intendieren oftmals, uns den Eindruck zu verschaffen, anerkannt zu werden. Man umgeht die schädlichen und bösartigen Aspekte dieser Manöver, indem man direkt zu jemandem geht, dem man vertraut und ihn um Belobigung bittet. Zwar ist so noch nicht ganz der schlimme Trieb ausgeschaltet, anderen einen Stich zu versetzen, aber ein Teil davon ist bereits abgeschnitten und kommt nicht mehr zum Zuge.

Bleibe in der Ratsversammlung standhaft, so daß du die Situation kontrollieren kannst.

Läßt der Feind eine Tür offen, mußt du hineinstürmen.

Komme deinem Gegner zuvor, indem du ergreifst, was er für wertvoll erachtet und suche, den Zeitpunkt zu bestimmen, an dem er das Gelände erreicht.

Folge dem Pfad der Regeln und mache dich mit den Angelegenheiten deines Feindes vertraut, bis du endlich die entscheidende Schlacht schlägst.[14]

Zuerst dann zeige dich schüchtern und verlegen gleich einem Mädchen, bis der Feind dir einen Eröffnungszug bietet; danach erhebe dich zu der Geschwindigkeit eines rennenden Hasen, und es wird für den Feind zu spät sein, sich dir noch zu widersetzen.

---

13. Eine klare Anweisung für den Metaprogrammierer, über alles die Kontrolle zu behalten und jeden Widerstand besser im Keim zu ersticken. Gedankenkontrolle, durch Meditation erlernt, wird diese Fähigkeit vertiefen.

14. Ist der Pfad des Handelns klar, bedeutet jede Abweichung, Rückschritte zu machen, ist sie auch noch so verlockend. Deshalb befolgt man nur dann eine einmal gegebene Anweisung nicht (mehr), wenn sich herausgestellt hat, daß es eine tatsächlich effektivere Möglichkeit gibt oder aber die Situation, für die diese nötig war, nicht mehr auftreten kann.

12. Der Angriff mit Feuer

Sun Tzu sagte: Es gibt fünf Wege, einen Angriff mit Feuer durchzuführen. Der erste besteht darin, die Soldaten in ihrem Lager zu verbrennen; der zweite darin, Vorratslager zu verbrennen; der dritte Angriff ist der, die Transportwagen des Feindes zu verbrennen; der vierte, Waffenarsenale und Munitionslager zu verbrennen, und der fünfte ist, Feuer in die Reihen des Feindes zu schleudern.[1]

Um einen Angriff zu starten, müssen wir entsprechend ausgerüstet sein. Das Material zum Entzünden des Feuers muß sich stets in Reichweite befinden.[2]

Es gibt eine geeignete Jahreszeit, um Angriffe mit Feuer durchzuführen und spezielle Tage, um etwas in Brand zu setzen.[3]

---

1. Psychologisch finden wir im Feuer die Analogie zu gewaltiger Tatkraft, in Wasser hingehen die Analogie zum seichten Umspülen und Wählen des bequemsten Weges um die Kräfte zu schonen. Luft steht für Anpassungsfähigkeit und geistige Biegsamkeit und Erde dafür, aus gesicherter Position heraus zu kämpfen. Geist letztlich steht für die überlegene Sicht. Feuer wäre deshalb nach diesem Kapitel die Energie, die man blitzartig und mächtig hervorbringt und mit der man jede andere schädliche Emotion regelrecht verbrennt.

2. Ohne zielgerichteten Zorn und edle Courage kann ein mächtiger Angriff auf unsere Schwachpunkte nicht durchgeführt werden. Deshalb müssen wir unser geistiges Feuer mit Motivationen nähren, welche uns direkt bei Hand liegen sollten, also abgeleitet sind aus den direkten Umständen unseres momentanen Lebens.

3. Man macht keinen Kraftsport zwecks Steigerung der Gewichte in einem Raum mit einer Temperatur unter 5 Grad Celsius. Das wäre das falsche Ziel. Seine Durchsetzungsfähigkeit hingegen kann man auch bei dieser Temperatur trainieren, ja je kälter es wird, desto größer werden unsere Erfolge sein – wenn wir nur genügend inneres Feuer entwickeln. In der Meditation hingegen analogisiert das Feuer des Sun Tzu mit den Schmerzen, die durch längeres Ausharren in einem Meditationssitz entstehen. Der Schmerz reinigt unseren Geist und motiviert uns dazu, uns besser auf das Objekt unserer Meditation zu konzentrieren, was unseren Willen stärkt und die Konzentrationsfähigkeit im Allgemeinen verbessert.

Die geeignete Jahreszeit ist die, wenn es besonders trocken ist. Die speziellen Tage sind die, wenn der Mond im Zeichen des Siebes, der Mauer, des Flügels oder der Sprosse steht, denn dies sind die Tage aufkommenden Windes.

Greift man mit Feuer an, muß man auf fünf mögliche Entwicklungen vorbereitet sein:

1) Bricht das Feuer im Lager des Feindes aus, muß man sofort mit einem Angriff von außen aufwarten.
2) Bricht das Feuer aus, doch die Soldaten des Feindes verhalten sich ruhig, solltest du abwarten und nicht angreifen.
3) Hat die Kraft der Flammen ihren Höhepunkt erreicht, greife direkt an, wenn das möglich ist. Wenn nicht, bleibe dort, wo du bist.
4) Ist es möglich, einen Angriff mit Feuer von außen vorzunehmen, warte nicht darauf, daß es innen ausbricht, sondern führe deinen Angriff zu einem günstigen Zeitpunkt aus.
5) Legst du ein Feuer, so greife mit dem Wind an, nicht gegen den Wind.[4]

Ein sich tagsüber erhebender Wind dauert lang an, der nächtliche hingegen flaut rasch wieder ab.

Jeder Armee müssen die fünf möglichen Entwicklungen im Zusammenhang mit Feuer bekannt sein. Man muß den Lauf der Sterne berechnen und auf die günstigen Tage warten.

Diejenigen, die Feuer beim Angriff zur Hilfe zu nehmen zeigen Intelligenz. Diejenigen, die Wasser als Angriffshilfe verwenden, gewinnen zusätzliche Kraft.

Mit Hilfe von Wasser kann man den Feind aufhalten, doch man kann ihn nicht seines ganzen Besitzes berauben.

---

4. Jeder Gewaltakt trägt Wogen der Konsequenzen in unseren geistigen Raum. Wir müssen lernen, diese zunächst zu umgehen, andernfalls kämpfen wir gegen unsere eigenen Stärken an. Härtere Yoga-Übungen beispielsweise führen zunächst zu größeren Verspannungen (oder es kommt uns zumindest so vor, da der Körper mit Schmerz darauf reagiert und anfänglich sucht, diesen durch Zunehmen der Verspannung zu kompensieren). Durch ausgleichende und beruhigende Übungen und vor allem durch Gegendehnungen verringern wir das Problem und lenken Geist und Körper vom Eigentlichen ab.

Unglückselig ist das Schicksal derer, die versuchen ihre Schlachten zu gewinnen und ihre Angriffe erfolgreich durchzuführen, ohne den Geist des Wagemuts zu fördern, denn das Ergebnis davon ist Zeitverschwendung und allgemeine Stagnation.[5]

Daher das Sprichwort: Der erleuchtete Führer bereitet seine Pläne gut vor, und der gute General entwickelt seine Kräfte.

Bewege dich nicht, wenn du keinen Vorteil erkennst, setze keine Truppen ein, wenn es nichts zu gewinnen gibt. Kämpfe nicht, bis die Lage kritisch ist.

Kein Herrscher sollte seine Truppen ins Feld führen, nur um seinen Macken gerecht zu werden. Kein General sollte eine Schlacht schlagen, nur weil er verärgert ist.

Wenn es zu deinem Vorteil ist, mache einen Vormarsch. Wenn nicht, bleibe wo du bist.

---

5. Dies ist ein allgemeines Problem von Religionen (und auch den vielfältigen Formen modernen Sektierertums). Das Ziel gefällt den Menschen, doch sie besitzen nicht den Mut und die Durchsetzungskraft, diese Ziele tatsächlich zu erreichen. Allgemeiner moralischer Verfall und geistige Degenerierung ist unbedingt die Folge.

Zorn mag sich mit der Zeit in Freude wandeln; auf Verdruß mag Zufriedenheit folgen.

Aber ein Reich, das einmal zerstört wurde, wird sich nicht wieder aufrichten, noch können die Toten ins Leben zurückgerufen werden.

Folglich ist der erleuchtete Führer umsichtig und der gute General voller Vorsicht. Dies ist der Weg, ein Reich in Frieden zu halten und eine Armee intakt.

13. Wie man Spione einsetzt

Sun Tzu sagte: Ein Heer von hunderttausend Männern aufzustellen und mit diesem über große Entfernungen zu marschieren, beinhaltet große Verluste an Menschen und Belastung der Staatskassen. Die täglichen Kosten liegen bei ungefähr tausend Unzen Silber. Es wird zu Unruhen zuhause und auch in der Ferne kommen, und Männer werden ausgelaugt auf den Straßen zusammenbrechen. Siebenhunderttausend Familien werden an der Ausübung ihrer Tätigkeiten gehindert sein.[1]

Feindliche Armeen können einander über Jahre hinweg gegenüberstehen, nach dem Sieg strebend, der dann an einem einzigen Tag entschieden wird. Aus diesem Grunde ist es der Gipfel der Unmenschlichkeit, sich nicht über die Verfassung des Feindes zu informieren, nur weil man unwillig ist, hundert Unzen Silber für Belohnungen und Sold auszugeben.

Wer so handelt, kann keine Männer anführen, ist dem Lehnsfürsten keine Hilfe und kann auch den Sieg nicht erringen.

Das, was den weisen Herrscher und den fähigen General dazu befähigt erfolgreich anzugreifen und zu erobern und Dinge zu tun, die außerhalb der Reichweite gewöhnlicher Männer liegen, ist Vorherwissen.

---

1. Das vorhergehende und noch mehr dieses Kapitel scheinen mir weniger geeignet zu sein, nach psychologischen Komplementaritäten zu suchen, zumal auch hier das meiste bereits gesagt wurde. Ich überlasse es deshalb dem geneigten Leser, nach weiteren Analogien zu suchen, wobei sich insbesondere in diesem Kapitel über Spione die anbietet, die persönlichen Schwächen in den Kontext unserer Stärken zu stellen und sie so siegreich nutzbar zu machen.

Aber dieses Vorherwissen kann nicht den Geistern entlockt werden, es kann auch nicht durch Erfahrung erlangt werden, noch durch irgendwelche deduktiven Schlüsse.[2]

Kenntnis über die feindlichen Pläne und Bedingungen erhält man nur von anderen Männern.

Deshalb setzt man Spione ein, von denen es fünf Arten gibt:

1) einheimische Spione,
2) innere Spione,
3) übergelaufene Spione,
4) todgeweihte Spione und
5) überlebende Spione.

---

2. Man kann Orakel einsetzen, wenn man sich in einer Situation befindet, in der alle erkennbaren Wege funktional äquivalent sind. Um das aber zu erkennen, bedarf man eines rationalen Geistes. Das Orakel wirkt dann als Unterstützer unserer Intuition und kann uns Komplexitäten aufzeigen, die unserer genauen Betrachtung bislang entgingen. Auf diese Weise bringt man sich auf neue Gedanken, die letztlich dazu führen sollten zu sehen, daß die Wege aus der neuen Sicht heraus doch nicht mehr funktional äquivalent sind. Man kann dies damit vergleichen, daß man – nach umfangreicher Anwendung typischer Denktechniken, die der linken Hirnhälfte zugeordnet werden – nun hingeht und sich der Mittel der rechten Hemisphäre bedient, um eine holistischere Perspektive zu generieren.

Sind alle fünf Arten von Spionen im Einsatz, kann niemand das geheime Netz durchschauen. So etwas nennt man „göttliche Handhabung der Fäden". Es ist die wertvollste Fähigkeit eines Herrschers.

Eingeborene Spione zu verwenden bedeutet, sich der Dienste der Einwohner eines Distriktes zu versichern.

Innere Spione zu haben heißt, Beamte des Feindes zu benutzen.

Übergelaufene Spione zu haben bedeutet, Spione des Feindes zu ergreifen und sie für unsere Zwecke zu verwenden.

Hat man todgeweihte Spione bedeutet das, etwas zum Zwecke der Täuschung zu tun und dann unseren eigenen Spionen zu erlauben, davon zu wissen und dem Feind zu berichten.

Überlebende Spione letztlich sind solche, die Neuigkeiten aus dem feindlichen Lager bringen.

Es folgt hieraus, daß es in der gesamten Armee keine vertraulicheren Beziehungen gibt als solche, die man mit Spionen aufrechterhält. Keine andere sollte großzügiger belohnt werden. Und in keiner anderen Angelegenheit sollte größere Diskretion bewahrt werden.

Kein Spion kann sinnvoll eingesetzt werden ohne intuitive Klugheit.

Ohne Wohlwollen und Aufrichtigkeit kann kein Spion geführt werden.

Ohne subtile Gewandtheit des Geistes können wir nicht sicher sein, wieviel an ihren Berichten wahr ist.

Sei subtil! Sei subtil! Und setze dann deine Spione für jedes Unternehmen ein.

Wird ein geheimer Teil einer Nachricht durch einen Spion enthüllt, bevor die Zeit reif ist, muß er gemeinsam mit demjenigen umgebracht werden, dem er dieses Geheimnis überbrachte.

Ob nun das Ziel ist, eine Armee zu zerschlagen, eine Stadt zu erstürmen, oder eine bestimmte Person zu ermorden, es ist immer notwendig, anfänglich die Namen der Bediensteten herauszufinden, der Adjutanten, der Türsteher und der Leibwächter des befehlshabenden Generals. Unsere Spione müssen damit beauftragt sein, diese herauszufinden.

Die feindlichen Spione, die gekommen sind, um uns auszuspionieren, müssen entdeckt, bestochen, fortgeschafft und angenehm untergebracht werden. So werden sie zu übergelaufenen Spionen und stehen uns dann zu Diensten.

Durch die Informationen, die uns der übergelaufene Spion bringt, sind wir dazu in der Lage, eingeborene und innere Spione anzuwerben.

Dank seiner Informationen können wir wiederum den todgeweihten Spion dazu nutzen, dem Feind falsche Nachrichten zu bringen.

Zuletzt können wir durch seine Informationen, den überlebenden Spion bei bestimmten Gelegenheiten einsetzen.

Sinn und Zweck der Spionage in diesen fünf Erscheinungsformen bestehen darin, Kenntnisse über den Feind zu erhalten. Und dieses Wissen kann in erster Linie nur vom übergelaufenen Spion kommen. Folglich ist es grundlegend, daß der übergelaufende Spion äußerst großzügig behandelt wird.

In alten Zeiten war der Aufstieg der Yin-Dynastie Yi Ji zu verdanken, der unter den Xia gedient hatte. Ebenso verdankte die Zhou-Dynastie ihren Aufstieg Lu Ya, der unter den Yin gedient hatte.

Folglich sind es nur der erleuchtete Führer und der weise General, die die Intelligentesten ihrer Armee dazu auserwählen, als Spione tätig zu werden, und auf diese Weise erlangen sie herausragende Erfolge. Spione sind im Krieg ein ausnehmend wichtiges Element, denn von ihnen hängt die Fähigkeit der Armee ab, sich bewegen zu können.